掌握
最關鍵的6件事，
業績就能輕鬆翻倍

曾國棟 原著・口述 ｜ 王正芬 整理・補充

王者業務力

營收突破千億的企業主，
分享親身經營業務的訣竅！

練就流利口才、懂得靈活應變還不夠，
業務工作還有更多為人忽略的專業，
本書從**報價技巧**、**開立信用狀**、**業務簡報**到**協商眉角**，

一步步帶你建立業務專業，業績自然脫穎而出！

推薦序　業務員最需要的精華知識

黃偉祥

和很多產業一樣，電子零組件通路商大都從小公司開始，經過長時間、點點滴滴地紮實耕耘，逐步成長茁壯。早期，我們常自嘲是「夾心餅乾」，是「跪上跪下」的「高跪」行業，不僅對上游供應商要積極服務，協助他們擴大市場占有率，同時還需要滿足下游客戶的各項供料需求。所以從業人員如何承上啟下，讓上、下游廠商皆能滿意埋單，乃公司能否持續成長的重要關鍵。

尤其，現在產業發展日趨成熟，公司營運規模日益擴大，上、下游對我們的期待，除了提供傳統的銷售買賣服務之外，還必須再加上技術支援、金流、物流、運籌管理等

「一條鞭」的供應鏈管理專業服務，過去，通路商習慣以師兄帶師弟，或是點狀式訓練來傳承的教育方式已不敷應用，如何有系統、有組織、有效率地訓練相關從業人員，使其具備應有的專業素養、正確的服務心態及紮實的基本功，至為挑戰。

在細細品讀「分享系列套書」後，深深感受到曾董事長對員工培訓、人才養成的用心。書中包含了電子零組件通路產業的全方位知識，從流程管理、實戰經驗到案例研究，集結成《業務實戰篇》、《觀念篇》及《經營札記》三冊，無一不是曾董事長多年從業經驗精華的累積，以淺顯易懂的圖文表達，希望能給後進實用有效的引導，以減少自我摸索的障礙與時間，藉由這些學習與應證，舉一反三、觸類旁通。

「分享系列套書」難能可貴之處在於其跳脫傳統艱澀的教條式說理，透過生動的小故事與實際發生的案例，讓讀者不僅看到問題所在，更可運用水平思考法，擴大不同思維的面向。信手捻來，如通路商對客戶最常遭遇的信用額度問題，不單第一線業務員經常不知所措，主管亦是一籌莫展，在此，曾董事長提出至少五個不同思考面向和變通方案，大大提升我們面對問題、解決問題的深度和廣度。其他如接單報價技巧、客戶溝通、客戶開發、協商談判、帳款回收……等，皆有深入的探討及剖析，堪稱通路產業教育訓練的「葵花寶典」，絕對值得推薦！

我與曾董事長相識超過三十載，目前也是很好的事業夥伴，衷心佩服他已屆耳順之年，尚發願要成為通路產業及供應鏈教育的志工，欲將其過去學習累積的經驗和知識傳承給下一輩，除撰寫自身心得經驗外，希望號召更多同業前輩將經驗心得及其他同業公司的教育教材，彙整成為更完整的訓練教材、教案，以嘉惠各級產業人士及有心學習者。

現在，商周出版自「分享系列」的《業務實戰篇》中，選取業務員最需要的精華章節集結成書，取名為《王者業務力》，只要你能跟著書中通曉有關報價、接訂單、信用額度、信用狀、業務簡報和協商技巧等做生意最關鍵的6件事，業績就能輕鬆翻倍，相信此書之無私分享，當可培養更多優秀人才，提升產業競爭力，嘉惠更多有心學習的人。

（本文作者為大聯大投資控股股份有限公司董事長、臺北市電子零件商業同業公會第八屆理事長）

自序　讓新手不必再獨自摸索

感謝讀者及一些企業朋友對第一本書《讓上司放心交辦任務的CSI工作術》的捧場，有些企業以它作為內部教育訓練的教材，藉以提升工作技能及減少失誤。

更多企業朋友非常認同第二本書《比專業更重要的隱形競爭力》所談的「多一小步服務」的觀念，除了買給公司主管及同仁參閱之外，更拿來當作讀書會的討論題材。有幾個企業看完書之後，決定在公司推行「多一小步服務的活動」，請我幫忙做活動的啟動（Kick-off）。有些朋友告訴我成效不錯，已經產生了不少「多一小步服務」的標準作業程序。甚至在有些公司中，「多一少步」已經變成口頭禪了！很慶幸這些觀念對一些人及企業有所啟發及幫助。

從事業務工作的初期，經歷了一段缺乏系統性訓練的痛苦學習，有感於新手摸索探路的困難，遂於創業初期便立下了「無私分享與快樂傳承」的人生目標與志趣，在公司發展的過程中，特別重視員工的教育訓練，經常邀請專家講師幫員工上課，但是對於通路業職能上所需的專業知識，卻找不到適當的教材及講師，為了將知識傳承及分享，從一九九五年開始，著手將過去教育訓練的素材及業務實務心得，利用假日及空檔時間，花了近一年寫了近十萬字，並編輯成冊以《心得共享》為書名，送給同仁作為教育訓練的參考教材。

二〇〇六年，我在政大企家班碰到有編輯經驗的同學出來創業，引薦了有採訪及教材編輯經驗的王正芬女士，她建議將《心得共享》重新整理成有系統的教材，於此同時，發覺她能聽懂、消化並以相同口吻補述，於是改由我口述、她撰寫的方式，持續進行相關教材的開發。我將平時營運碰到的種種問題，分門別類將標題及重點寫在手機上，以口述及校稿的方式，連續七年每兩週花兩小時，陸續完成了後面五十萬字的教材，並編印成《業務實戰篇》、《觀念篇》及《經營札記》三冊，送給同仁參考及作為教育訓練的基本教材（此三冊彩色印刷的工具書，現在已經授權臺北市電子零件同業公會出版發行）。

因緣際會遇見了城邦媒體集團何飛鵬首席執行長，他看了我寫的局部教材，認為值得出版給一些對業務有興趣又有心想學習的人參考，原本這些教材是供公司內部教育訓練用，並沒有打算要對外出書。後來進一步想：既然知名的出版社認為內容對一些人會有幫助，加上個人又以「分享」為人生志趣，照理應該擴大分享範圍才對，於是欣然同意，由城邦集團的商周出版從六十萬字的教材中，挑選較共通的題材編輯成冊和讀者分享。

我所寫的內容都是一些實務的心得及職場上常犯的錯誤、迷思，並沒有什麼高深的理論，本書係取材自分享系列《業務實戰篇》，將一名業務員所需具備的基本技能，諸如：報價、接單、協商、簡報技巧、信用額度的全面思維、信用狀實務等作業訣竅，用平實易懂的寫法呈現，並以案例、圖表作為補充說明，期能對有心成為王者業務員的讀者們有所幫助。

【目錄】

導讀　王者業務員的實戰密技

不論任何時代，在求職媒體上最多職缺的，總是業務類工作，但是另一方面，世界五百大企業的執行長，出身自業務人才的比率也是最高的。換言之，業務是流動性最高的職務，也是經濟市場中需求最多的人才，更是可以培訓出最多執行長的工作。

記得我第一次在經濟部商業研究院司徒達賢教授主持的企業講師個案研討班，和班上來自其他領域流通業（如統一超商、王品、全國電子、阿瘦皮鞋、神腦、雄獅旅遊、麗嬰房等）中高階主管們分享、討論某個案例時，對於個案中業務角色主動扮演起為客戶解決問題所做的種種努力，引起了大家熱烈的討論：「業務有需要做到這種程度嗎？」

反過來說，從職涯發展的角度來看，或許在你投身業務領域之前，就應該先做好準備，反問自己：「我希望做哪一種業務員？」如果你沒什麼概念的話，那麼以下這則改編自友尚真實案例，並引起大家熱烈討論的個案，或許你也可以試著幫個案中的業務角色打個分數，你認為他們的所作所為是八十分的業務員？一百分的業務員？還是一百二十分的業務員？

業務員有需要做到這種程度嗎？

對向來以晶片組（Chipset）為主力的A公司來說，打算自己開發模組產品以提高市場競爭力，於是將自己公司出產的兩顆晶片組，再組裝上採購自Y通路商所代理的S牌CPU，成了模組的套件產品之後，再銷售給其終端客戶。很幸運地，A公司第一次新的嘗試，立即獲得終端客戶甲的青睞，於是，A公司也正式下單給Y通路商。

圖一 交易流程

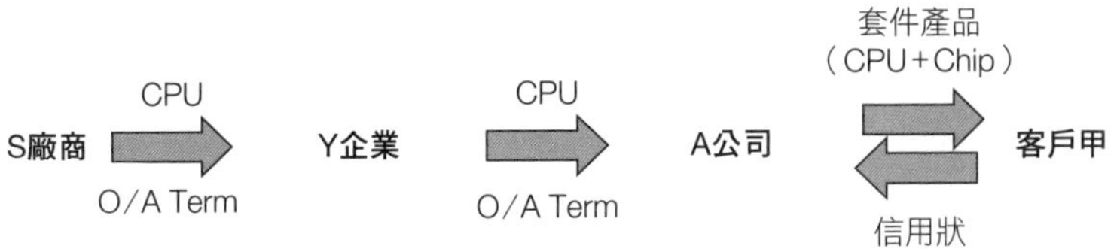
S廠商
CPU
O/A Term
Y企業
CPU
O/A Term
A公司
套件產品
（CPU+Chip）
信用狀
客戶甲

金額愈來愈高的新訂單

面對這張來自A公司採購S廠牌CPU的訂單，Y通路商的業務員小李非常開心，因為Y通路商本來就有代理A公司的產品，所以小李在接單時，除了和對方約定O／A付款條件（交貨後在約定期間內付款）外，未在其他方面多做考量，這筆生意於焉成立。Y通路商和A公司也從原先代理關係，擴增為兼具供應廠商的角色（這筆生意的交易流程如圖一）。

這筆生意看起來似乎進行得很順利，A公司連續下了三次單，金額一次比一次高。這一天，A公司又傳來了一張新訂單，採購金額又比前三張訂單更高，照理說，業績迭創新高應該是一件值得高興的事，但是小李一點都高興不起來。

訂單成了燙手的山芋

小李覺得自從接單之後，自己就一直處在高風險的壓力之下，不知如何是好。原來，從前面三次的接單經驗來看：

一、A公司應付款項經常拖延。

二、A公司自行開發的組合套件不良率很高。

三、A公司的組合套件目前只有單一客戶使用（客戶甲），屬於高風險的特殊品項。

如果繼續接受A客戶的新訂單，小李深怕未來有個「萬一」，收不到款。如果在這個節骨眼才拒絕接單，又怕影響到前面訂單應收款項和客戶關係、公司聲譽。在騎虎難下之際，小李決定將自己對A公司的隱憂向上反映給業務主管張經理。

張經理聽完小李說明後，反問小李：「你很清楚問題的癥結，你認為應該怎麼做，才會對你、對公司最有利？」

小李回答：「在這種情況下真的很尷尬，似乎無解，因為以目前A公司的財務狀況來看，這筆訂單如果請他們改以信用狀或預付款的方式處理，他們一定不願意，所以唯一的路，就是坦誠以告，請客戶甲擔保A公司付款。」小李接著說：「但是這樣一來，客戶甲就會知道A公司的財務狀況，會不會因此留下不良印象，不利於他們日後的交易？另一方面，A公司是否也會因此怪罪我們，影響到我們的生意？」

面對問題的思維

張經理思考後，指示小李說：「不過，再拖下去，恐怕最後會變成我們的問題。為了解決三方面眼前的問題，選擇『坦誠以告、不閃躲』，往往也是最好的方法。但是，記得要先取得A公司的諒解之後，再坦誠告知客戶甲實際情況。」小李因為取得主管的支持，雖然是硬著頭皮，但也更有信心面對問題。

協商過程中，A公司當然非常生氣，客戶甲也非常訝異，但是經過一番誠心誠意的斡旋之後，總算取得雙方暫時性的諒解，除了順利收回一張客戶甲用以擔保A公司貨款的押票之外，客戶甲也同步簽了願意擔保的同意書。至此，小李總算鬆了一口氣，接下了來自A客戶的第四張訂單。

但是，業務張經理認為，目前只能算是Y通路商暫時取得了贏面。客戶甲這次願意幫A公司背書，固然解除了燃眉之急，但是長期來看，客戶甲一定也不願意長期幫A公司背書。換言之，這筆生意的問題還沒有徹底解決，所以提醒小李千萬不要掉以輕心，應該再努力想想，還有什麼方式可以把這個問題處理得更周全。

張經理的叮嚀還在耳邊，果真同樣的問題又再度上演：

一、A公司又再度拖延貨款：小李雖然已經拿到客戶甲的擔保，也不好意思立刻去軋那張押票，因為他知道客戶甲也已經開出信用狀給A公司，如果再付押票的金額，則形同付出兩次貨款，對客戶甲也有失公平。也因此，客戶甲一再催促，希望小李能將押票退回。

二、客戶甲又有新的訂單，而且數量比上一次還多；但是因為小李還沒收到上次出貨給A公司的貨款，當然也不可能再接新單。

更糟的是，產品經理丁哥又從S分公司處得知，客戶甲已經開始試著想從其他管道（別的S牌代理商及S分公司）取得CPU，A公司也試著想申請成為S廠商的直銷客戶，直接從S廠商處進貨。換言之，客戶甲和A公司都試圖想跳過Y通路商，尋求其他採購S牌CPU的管道。所幸，平日丁哥和S原廠的互動很好，所以S分公司才會在第一時間知會Y通路商，經過充分溝通之後，由於錯不在Y通路商，所以S分公司同意由Y通路商繼續負責協調此事。

絕對不能破局的協商

於是，張經理再度帶著業務員小李，代表Y通路商與A公司進行協商，希望能找出雙贏的解決方式。他們提出的建議方案是：Y代理商直接將CPU賣給客戶甲，同時，A公司也將兩顆自有的晶片組（連同加工費）賣給客戶甲，如此，將可同時解決A公司的財務負擔及客戶甲雙重付款的問題。

不過，A公司並不同意，因為這樣一來，A公司的營業額將瞬間減少七〇％，會影響到整個A公司的財報（據了解，光是S廠商CPU單項產品的營收就占了當年A公司七〇％的營業額）。

經過幾次協商後，雙方陷入僵局，一直沒有找出令三方（A公司、甲客戶、Y供應商）都滿意的方案。「究竟還有什麼方法，既不會影響到目前各方交易往來的金額與付款方式，又能夠同時解決各方的擔憂與需求？」就在張經理幾乎放棄之際，突然靈光乍現，為了滿足A公司對CPU營業額需求的前提下，或許應該從財務面來思考。

於是他帶著小李去找財務部門主管研究，最後終於找到了解決方案：從交易流程著手（如下圖）。果真，這次三方達成了共識，A公司和客戶甲都欣然接受新建議的交易模式。

在新的交易模式下，不再只有Y通路商取得了暫時的贏面，而是達到了「三贏」的結果：

一、客戶甲：與A公司的貨款可以互沖，只需付差額，不會雙重付款。

二、A公司：進貨CPU、出口成品，得到全額的營業額。此外，還只需要準備三〇%差額的材料費用，大幅減輕原有的財務負擔。

圖二 新的交易模式

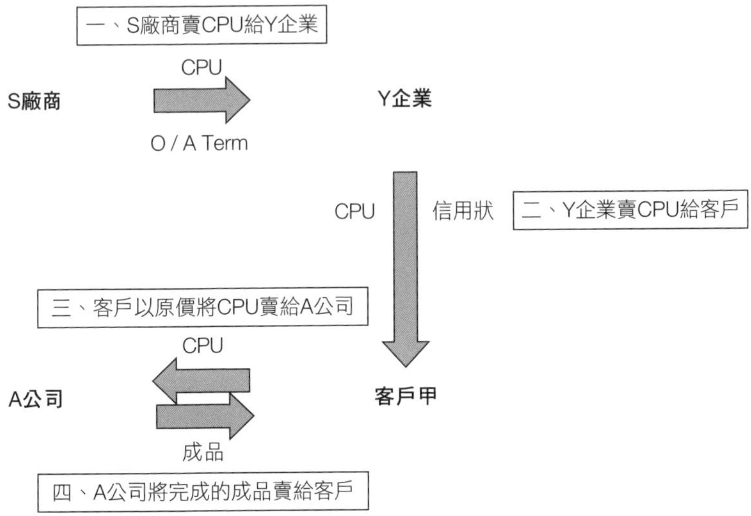
一、S廠商賣CPU給Y企業
CPU
S廠商
Y企業
O / A Term
CPU
信用狀
二、Y企業賣CPU給客戶
三、客戶以原價將CPU賣給A公司
CPU
A公司
客戶甲
成品
四、A公司將完成的成品賣給客戶

三、Y通路商：取得客戶甲的信用狀，不再需要擔心呆料及呆帳的風險。此外，只賣CPU給客戶甲，也不用再擔心成品不良率索賠的問題。

這筆生意還能更順暢嗎？

新的交易模式雖然順利解決了目前三方九〇%的問題，但是張經理心中仍有隱憂，因為環顧整個事件，還有一個變數無法掌握：A公司產品的不良率偏高。基於過去的經驗，張經理擔心：我們將CPU交給客戶甲，客戶甲也將CPU轉賣給A公司，萬一A公司交不出貨或品質有問題怎麼辦？不僅客戶甲吃了大虧，到時候，也有可能再要求退貨給Y通路商或向Y通路商索賠。

索賠對半導體零組件通路商是很麻煩、複雜的地雷，有位資深的業務朋友曾這樣描述：「一般銷售手機的業務，若是產品有問題，頂多賠給客戶一支新手機，客戶大都就滿意了，但是我們卻不同，有可能賣一顆IC卻得賠上一台筆記型電腦，當客戶要求退貨時，不是單退那顆料就算了事，常常整塊板子的損失都要我們吸收。」

這個「萬一」的代價實在太高了，為了防微杜漸，讓影響未來這樁買賣的已知風險降到最低，張經理決定從「事前釐清責任範圍」與「幫Y公司爭取更多利潤空間」兩方面思考可行的做法，因為，在這次與A公司協商的過程中，他發現A公司和客戶甲做生意，實際上並不賺錢，因此才會對問題的改善不甚熱衷，於是他主動採取了下列幾個策略：

一、針對客戶甲

1. 為了慎重並尊重客戶，請高階主管陪同自己和業務員小李親自拜訪客戶高階主管，並事先告知客戶：「我們（指Y通路商）雖然無法保證A公司其他兩顆晶片組的交貨日期，但願意義務幫忙聯絡。」
2. 請客戶甲在訂單和採購詢價單上面，註明CPU不得退貨的聲明。
3. 將責任義務說明清楚，劃分界線，避免將來出現「萬一」的狀況時，有理說不清，蒙受客戶甲怪罪。（請客戶簽回不可退貨的同意書，並親自拜訪說明責任範圍。）

4.委婉表明Y代理商與A公司目前在這筆生意上均無合理利潤，長久下來有可能變得不太熱衷於這筆生意。（預留伏筆，希望下一筆訂單可以請客戶自動加一點價，以便讓A公司和自己有更大的獲利空間和動力，順利交貨。）

二、針對S供應商：請產品經理丁哥同步和S供應商溝通，爭取降價的空間。（原本當張經理提出這樣的構想時，產品經理丁哥和產品副總都認為S廠商絕不可能降價，但是經過丁哥的努力，S廠商竟然同意接受一個月的訂單數量，但是價格卻比照三個月長單數量的單價，換言之，總共降低了一〇%的成本。）

三、針對A公司：張經理向A公司建議，將S供應商降價後的利潤，分享給A公司，讓大家都有錢賺，如此，A公司才會更熱衷於推動此樁生意的運行。

業務風險與成功的關鍵時刻

事實上，對B2B（business-to-business，企業對企業）業務員而言，以上個案絕非特例，而是每天都有可能上演的戲碼，因為他們所面對的每一筆生意，從開發到設計導入期（design-in）、接下訂單、出貨、收款，整個銷售時程大都需要三到六個月，甚至一年以上才能完成整個交易，與大家較為常接觸到的B2C（business-to-consumer，企業對消費者）業務模式（多數產品通常可在一到兩小時內完成一筆交易），有很大的不同。

正因為形成一筆生意的過程較長，環節很多，相對複雜度也更高。在這舞臺上的業務員不能只是賣產品而已，他們和客戶之間，除了「努力創造美好經驗」之外，還必須更用心在許多作業流程的細節上，才能降低風險，避免陷入「賣IC賠筆電」或是死貨、呆帳的可能地雷區。就像個案中Y通路商的小李，如果他能在接單前，就注意下列兩項細節的話，或許這筆生意就不會成為騎虎難下的燙手山芋：

一、遇到「特殊品項」類之地雷型訂單的潛在風險和報價注意事項（參考第一章「追求高效益的報價訣竅」）。

二、就算是老客戶，一旦合作條件改變，也都應該要重新檢視風險狀況（參考第二章「信用額度的全面思維」）。亦即當A客戶從原廠的代理關係轉換成客戶的採購關係時，小李還是應該重新審慎評估客戶的信用。

同樣地，這筆生意之所以能夠發展到最後，不但克服了林林總總的問題和風險，還順利安撫了客戶（A公司）、客戶的終端客戶（客戶甲）和原廠（S牌供應商），究其因，也在於業務張經理掌握了許多環節中的訣竅，將解決問題的方案都做到位，才沒讓問題像滾雪球般地愈來愈大，這些值得我們借鏡的地方有：

一、面對問題，不拖延：張經理果斷地指示小李：「……『坦誠以告、不閃躲』，往往也是最好的方法。但是，記得要先取得A公司的諒解之後，再坦誠告知客戶甲實際情況。」（參考第三章「建立訂單的注意事項」。）

二、收到訂金與支票，不代表萬事順利，還必須同時取得註明用途及相關承諾的具體文件：在「面對問題的思維」階段，小李除了收回一張客戶甲用以擔保A公司貨款的押票外，還同時收回「願意擔保同意書」，完美達成階段性任務。當時若是只有押票而無客戶擔保同意書，那麼這次協商和保證也是無效的，因為Y通路商並沒有直接賣貨給客戶甲（參考第三章「建立訂單的注意事項」）。但是，當業務員面對信用狀條文的修改時，除了客戶提供保證函之外，最重要的是，務必要透過開狀銀行正式修改，才能得到完全的保障，在此，客戶的保證函是無效的文件（參考第四章「信用狀的種類及要點」）。

三、和產品經理維持良好互動，為接單風險增加一道安全鎖：基本上，在B2B市場的業務舞臺上是絕不可能出現獨行俠的英雄人物，業務績效必定是建立在整體團隊合作的基礎與協同作業之上，如同案例中，因業務部門和產品行銷部門有良好互動，所以丁哥第一時間就將客戶的動向告知業務張經理，同樣地，業務張經理也必須處理好客戶的反彈與可能出走的問題，讓丁哥對原廠能有所交代，無論在對內或對外的關係上，業務和產品經理都必須攜手合作，才能形成正向的循環（參考第三章「建立訂單的注意事項」）。

四、溝通再溝通，協調再協調：可以想見，在這個案例一路發展的過程中，對業務同仁的煎熬絕非筆墨所能形容，必須面對一連串和客戶A公司的斡旋協商，甚至還要跨階到其終端客戶的溝通、協調，只要在其中稍有不慎，導致破局，就不太可能讓這筆原本利潤不高的生意有更多空間和未來的可期性，和客戶A公司的關係，也從原先的「賣方」角色提升到了「夥伴」關係。換言之，張經理如果沒有很好的簡報功力和協商斡旋的能耐，應該也很難做到這個程度吧（參考第五章「使命必達的業務簡報」和第六章「斡旋商場的協商要點」）。

換言之，「如何正確地面對問題，解決問題」確實是業務員首要學習的課題，誠如曾董事長自己的經歷一樣：在面臨缺貨問題時，因為負責任、不逃避地在第一時間盡其可能採取因應措施，讓客戶不僅認知到他的誠信態度和承諾，還因而從買賣關係提升為好友關係，並在他創業時成為提供資金的貴人。

王者業務員的策略性思考

這則案例也充分展現了業務的基本精神和價值：「是否拿到一手好牌不是重點，關鍵在於如何打好一手壞牌。」所以我當時將這則個案定名為「讓每一樁賣賣都是好買賣」，我認為這應該是有心從事業務工作者最重要的態度和企圖心，特別是B2B業務員。

因為對B2B業務員而言，你所面對的「客戶」往往是指一群人，這群在某個企業體中所有可能影響採購決策的單位主管和負責人員，比如採購、研發、行銷、品管，甚至財務等等，也因而使得每一筆交易從報價接單到交貨、收款的過程中，常常會受到種種不同因素的交叉影響，也使得在促成交易的過程中，可能有許多困難。

本書從一個「你新來的啊？」的痛苦業務員開始，直至創立友尚、締造每年上千億營收的「王者業務員」，曾董事長將他如何看待業務流程每個環節中的「關鍵性策略思考」，毫不保留地告訴大家。

很多時候，一般業務員和頂尖業務員最大的分野，往往就在你面對業務作業時具備了多少「正確的態度」和「策略性思考」。一踏上業務職涯的舞臺上時，如果你已經準備好了，站對了位置，往往會讓你擁有促使每一樁賣賣都能夠變成好買賣的能耐，這種全面性的能力養成，有時已經遠遠超過傳統行銷與業務的範疇，而是涵蓋了以提供客戶完整解決方案為中心的協同整合能力。

B2C業務也應該具備B2B業務的策略性思考

所以有人說，即使你是站在B2C業務的舞臺上，只要該企業仍有賴於外部通路做生意的話，那麼你也應該具備一定的B2B策略思維，才比較容易在未來職涯的競爭中勝出。

畢竟，現今臺灣許多產業的結構都已經發展為垂直分工，通路的影響力也隨著國際行銷環境的快速變化，產業之間甚至跨業經營的激烈競爭而愈趨重要，在這樣的大環境之下，許多生意的「買」和「賣」關係，早已不若從前般單純地只看產品、價格、數量就好，還必須將如何與「人」、「市場」互動的可能變數納入你的業務管理範疇之中，尤其當你愈想往上層發展的時候，更必須體認到：很多時候你賣的不只是一筆生意而已，而是銷售市場競逐賽局的武器。

至於，在這些關鍵思維的背後還隱藏著哪些奧祕？有哪些技巧可以協助我們落實這些策略性思考、累積業務資產？書中各章節都有深入的分析與說明，並配合許多圖表與案例的說明，其中許多細節叮嚀與建言都極具價值，必能讓你在踏上業務職場舞臺之際就贏在起跑點上，也能讓你無論是想朝B2C或B2B頂尖業務員發展，或是業務主管，甚至自行創業，都能更得心應手、事半功倍。

前言　完整掌握經營業務的竅門

某位剛受完訓的警察，充滿幹勁地穿著制服開始執行勤務。午休時間，他想看場電影慰勞自己受訓時的辛苦，便來到戲院。

看電影的人潮很多，他想當然地也排隊買票。突然前面的歐巴桑轉頭對他說：「你新來的啊？」他嚇了一跳問：「妳怎麼知道？」歐巴桑說：「一般警察哪會排隊？」

於是，他直接來到售票口，遞上錢說：「一張票。」售票員笑著說：「你新來的啊？」他吃驚道：「妳怎麼知道？」售票員說：「一般警察都不買票直接就進去了。」

進到戲院裡，他找了一個前排的位置坐下來，怎知旁邊的先生又突然跟他說：「你新來的啊？」他嚇了一跳問：「欸，你怎麼知道？」旁邊的先生說：「一般警察都坐在樓上。」他聽了之後，便趕緊換到樓上座位。

電影開演後一個鐘頭，他有些內急，就悄聲問隔壁：「廁所在哪？」隔壁轉頭看他說：「你新來的啊？」他困惑地說不出話來，心想：「怎麼問個話，都能看出自己是新來的？」正不知如何應答時，隔壁接著說：「警察到處……隨地都可以小便，你連這都不懂，肯定是新來的！」他窘迫地看完電影後，立刻離開。

電影看得很受挫的他，轉念一想：何不去建功一下，抓看看有沒有私賭、私娼或什麼不法的事。於是他走著走著，聽到疑似賭博的聲音。一開門衝進去，看見四位女士，其中一位對他說：「你新來的啊？」「妳怎麼知道？」「我們在跟你局長夫人打牌，你不知道？」

或許對許多人而言，這只是數年前流傳在網路上的一則笑話而已，但卻也充分表達出了職場新人的心境，就像我自己剛入行時，也是在缺乏指引與指導之下，吃了許多苦頭，繞了很多冤枉路，很多時候是愈有衝勁愈感挫折。

雖然我們常說：「問路總比摸索好！」然而並非每個人都可以如此順暢，或許有些人不知該如何問，有些人則根本找不到可以問路的人。於是，我開始將自己在經營業務過程中的諸多觀察與不斷嘗試、修正後體會的竅門整理出來，比如說：

- 面對客戶詢價時，該如何報價？
- 常讓通路商業務員和主管頭疼的客戶「信用額度」問題，該如何解套？
- 當你看到訂單時，應該要想到什麼？
- 看到信用狀時又該如何面對？
- 生意場上，與客戶協商的過程中，什麼是關鍵點？什麼是無傷大雅的小事？

就如同美國知名的能源與環保專家羅文斯（Lovins）在其著作《綠色資本主義》書中強調：「吃龍蝦，不僅需要了解龍蝦的整體結構，也應該要注意其細部組織。一般龍蝦以尾部和前爪肉多，但是在其他裂縫中也藏有同樣豐富的鮮美蝦肉，需要技巧和耐心才能把肉挑出來，品嘗到整隻龍蝦的美味。企業成功之道，也在於把重要的細節與重要的基本原則結合……」羅文斯用吃龍蝦來譬喻企業改善生產流程所要掌握的關鍵思維。

同樣地，我認為，要成為一位拔尖的業務員，也應該深入業務作業流程中，用「吃龍蝦」的方式來掌握其中的關鍵思維，跳脫只想單純以產品銷售或價格取勝的業務員思維，透過深入了解業務流程每個環節中的重要細節，再與重要的基本原則結合，才能在面對各式各樣問題時，舉一反三，轉而以客戶「價值提供者」自許。

本書，就是想讓你一站上業務工作的職涯舞臺時，就已經褪去「你新來的啊？」的標籤，讓有心在業務領域發光發熱的你，減少繞圈子、有心卻不得其門而入的窘境。

第一章

追求高效益的報價訣竅

不論哪一個時代，只要翻開求職廣告，「業務類」不但是職缺榜上最多選擇的工作，也常常是就職門檻較低的選項，甚至很多時候還標榜著：不需要經驗，只要有熱情即可。因此也讓很多人對業務工作懷抱著不甚正確的觀念，錯認：「業務報價就和賣東西一樣，只要知道定價，誰不會呀？」然而，現實世界的職場舞臺上，真的是這樣嗎？

來自鄉下的兩個小夥子小朱和小強，都在城裡找到了一份業務工作。

四月一日九點剛上班，業務員小朱就接到一通來自城裡最大餐廳「好滋味」老闆娘的電話，對方在電話中焦急地問小朱：「請問你們超市，今天可有新鮮的馬鈴薯？一斤多少錢？」小朱回答：「不好意思，我幫你去問問我們經理，等一下回電給你。」

小朱隨即請示經理，在得知馬鈴薯的價錢之後，撥了個電話給「好滋味」，沒想到對方緊接著問：「如果買的量多，是不是可以算便宜一點？今天中午一大群客人預約，都指名要吃招牌菜馬鈴薯燉肉，所以會進很大量。」小朱表示自己沒有辦法決定，還是要去問經理，不過，會馬上回電告訴對方。

隔一會兒，小朱去電給「好滋味」老闆娘說：「經理說要特別給你們優惠，若是買四斤以上，每斤降一元。」老闆娘馬上反問：「那請問你們目前總共有多少斤？」小朱當場愣住，他沒想到自己連這麼基本的訊息都沒搞清楚，對方聽不到小朱回話，就開始不耐煩地說：「你們超市做生意真是奇怪，一問三不知，我們可是很緊急。」小朱連聲道歉，趕忙去查馬鈴薯的到貨量。

問清楚今天馬鈴薯進貨三十斤，之前庫存二十斤，共五十斤後，小朱趕忙打電話給「好滋味」老闆娘，興奮地說：「我終於搞清楚了，馬鈴薯一斤五元，若買四斤以上，每斤算四元，我們超市目前總共有五十斤，若是你全部買，只要兩百元，外送兩斤洋蔥。」

這時話筒另一端的「好滋味」老闆娘卻冷冷地說：「對不起，另一家『家佳好』超市的業務剛剛親自登門報價，我們已經跟『家佳好』超市訂貨了。」說完就把電話掛了，只留下小朱楞在話筒的另一端，煩惱等一下不知該怎麼跟經理回報。

小強則是去應聘城裡大百貨公司的銷售員。老闆問他：「你以前做過業務員嗎？」他回答說：「我以前是村子裡挨家挨戶推銷的小販。」對談之下，老闆蠻喜歡他的機靈：「你明天可以來上班了。等下班的時候，我會來看一下。」

四月一日，小強報到第一天，覺得工作還滿閒的，好不容易熬到五點，差不多該下班的時候，老闆真的來了。問他說：「你今天做了幾單買賣啊？」

小強回答說：「一單。」

「只有一單？」老闆很吃驚地說：「我們這兒的業務員，一天基本上都可以完成二十到三十單生意呢！那你賣了多少錢？」

小強說：「三十萬美元。」

老闆目瞪口呆，一會兒才回過神來，問道：「你怎麼賣到那麼多錢的？」

「是這樣的，」小強解釋說：「一個男士進來買東西，我先賣給他一個小號的魚鉤，然後是中號的魚鉤，最後是大號的魚鉤。接著，我又賣給他小號的魚線，然後是中號的魚線，最後是大號的魚線。

「於是，我問他：『準備上哪兒釣魚？』男士說：『海邊。』我聽了以後就建議他買條船，所以我帶他到賣船的專櫃，賣給他長二十英尺有兩個發動機的縱帆船。然後他說他現在開的車子可能拖不動這麼大的船。我於是帶他到汽車銷售區，賣給他一輛豐田新款的大型休旅車。」

老闆後退兩步，難以置信地問小強：「一個只是想來買個魚鈎的顧客，你就能賣給他這麼多東西？」

小強連忙搖頭說：「不是的，老闆。他原來是想幫老婆買衛生棉的。閒聊中，我告訴他：『你的週末這下沒搞頭了，幹嘛不去釣魚呢？』」

從小朱和小強應對客戶需求的作業模式來看，你認為造成兩人最大的差異點是什麼？

主導者的自覺！沒錯，業務員的第一要件就是必須具備「主導者的自覺」，就算是剛入行的菜鳥業務員，也必須要具備自己是主導者的認知和自覺。換言之，在你進入業務工作的那一刻起，就應該要清楚認知到自己（業務員）是報價流程的「主導關鍵」，而不是單純的「傳聲筒」角色，所以應該更主動積極地提升自己的相關知識與技能，在工作上眼觀四面、耳聽八方，凡事多思考一下，努力學習如何通盤考量後，再以「最彈性」的方式報價，避免成為一對一呆板反應的業務員。

畢竟，對業務員而言，「報價」是啟動交易最重要的基本功之一。對電子通路業的業務員而言，更是一連串複雜的行動，也是一門大學問，報價太高，會把客戶嚇跑；報價太低，自己又可能白忙一場，所以對入行未久的業務新手而言，更應該要盡快學習如何跳脫像小朱一樣的傳聲筒角色，嘗試著自己多方蒐集、評估與進行資訊整理，才能做出一個合理、專業的報價。

以下，我們就從「報價時機」、「報價數字」和「報價方式」三大方向，來探討如何對客戶提出一個合理、專業的報價。

評估報價時機

生意上門當然是一件令人雀躍的事，於是常會看到一些業務員，特別是新手業務員，一接到客戶詢價的電話，便高興地不得了，於是：

- 有些人還沒搞清楚狀況，便急著報價。
- 有些人則是將電話先按保留鍵後，急急忙忙跑去問主管、產品經理（PM）或是查閱電腦資料。
- 也有人直接摀著電話，就詢問主管，顯示了草率及無權決定。

不論以上哪一種，都是很不專業的報價行為。其實，你大可以放下電話，告訴客戶你將慎重處理他的詢價，等確認清楚最佳價格及交貨情況後再回電給他。這時，你便有充裕的時間去研討該如何報價最恰當。

所以說，「報價」並不是只有單純的價格因素而已，因此，在正式對外報價之前，業務員還有許多功課必須注意。

一、不輕易亮底牌

美國著名發明家愛迪生在一八六九年時發明了「愛迪生普用印刷機」，當他向華爾街一家大公司展示時，引起了大公司經理的高度興趣，向愛迪生表示，願意購買印刷機這項專利權，並問他要多少錢才願意割愛。

當時，愛迪生心裡想：「如果能賣到五千美元就很好了。」但是，他並沒有馬上說出口，只是對大公司經理說：「我相信你一定知道這項發明的專利權，將會為貴公司帶來多大的價值，所以，還是請你開價吧！」

大公司經理想了想，立刻說道：「四萬美元，如何？」於是，這樁買賣順利成交了，愛迪生也因而獲得了意想之外的鉅款，並用這筆錢建了一座專門製造各種電氣機械的工廠。

更何況，我們現在是處在一個跨國、跨領域的業務互動環境之中，手中的產品又是屬於比成品買賣更複雜的半導體零組件，當然更應該謹守「不輕易亮底牌」的原則，在接到客戶詢價時，千萬不要高興得太早或是過於掉以輕心，馬上問馬上答，以致「先露出底牌，喪失彈性」，事後，等到了解整體狀況後，想懊悔也已經來不及了。

所以，當你接到客戶的詢價時，一定要先反過去請問客戶可能的採購數量、大概希望的價格預算……等等相關資訊之後，再來進一步考慮自己的報價策略，避免因為報太高而喪失商機，報太低又會損及自身利潤。

二、先了解客戶的狀況

在「不輕易亮底牌」的原則之下，業務員還有許多功課要做。首先，應該針對詢價客戶進行深入的訪談與了解，比如說：

- 用量多少？用於什麼機種？一台用量幾個？
- 有沒有其他項目可以一起報價？
- 是否一定要使用某個廠牌？其他同功能、性價比更好的廠牌是否接受？
- 此機種總量大約多少？何時開始？何時結束？
- 以前向哪個廠商購買？付款方式為何？是否接受信用狀？
- 交貨期的要求如何？有無彈性？

- 此次詢價的用途是估價用？樣品採購？屬於維護用途？還是量產用？
- 客戶的信用如何？目前額度的使用狀況如何？有無應收未收款？
- 客戶訂單品質的信賴度如何？（訂單品質指是否常取消、不穩定或不確實？）
- 該詢單者的職權為何？是否具有決定權？
- 可能會撥多少百分比的訂單給我們？

三、了解自己的狀況

了解客戶狀況之後，就必須反過頭來盤點自己手中所有資源與籌碼，比如說：

- 本公司產品是否已經在客戶的認可清單（approval list）之中？
- 客戶詢價的產品是屬於公司的一般品項（popular items）還是特殊品項（non-popular items）？
- 若是屬於一般品項的話，目前有多少客戶在使用？是否為共通元件？

- 若是屬於風險較高的特殊品項，是否要預收訂金？還是根本就不要報價或是故意報很高，讓這次生意機會自然溜走，既不傷和氣也不接單……等，需要考量的因素更多。
- 庫存如何？後續交貨能力如何？
- 庫存有無壓力？存貨已放多久？該採用極力促銷策略或是惜售方式？
- 有無其他取代的料號可一併報價？
- 產品經理提供給你的價格底線是多少？該如何運用及預留多少籌碼？
- 萬一有意外狀況發生，第二應變措施為何？

四、了解市場的狀況

最後，還必須將市場可能的影響因素也考量到報價策略之中，比如說：

- 該項商品（料號）最近競爭者的行情如何？

圖三 「報價」思考流程圖

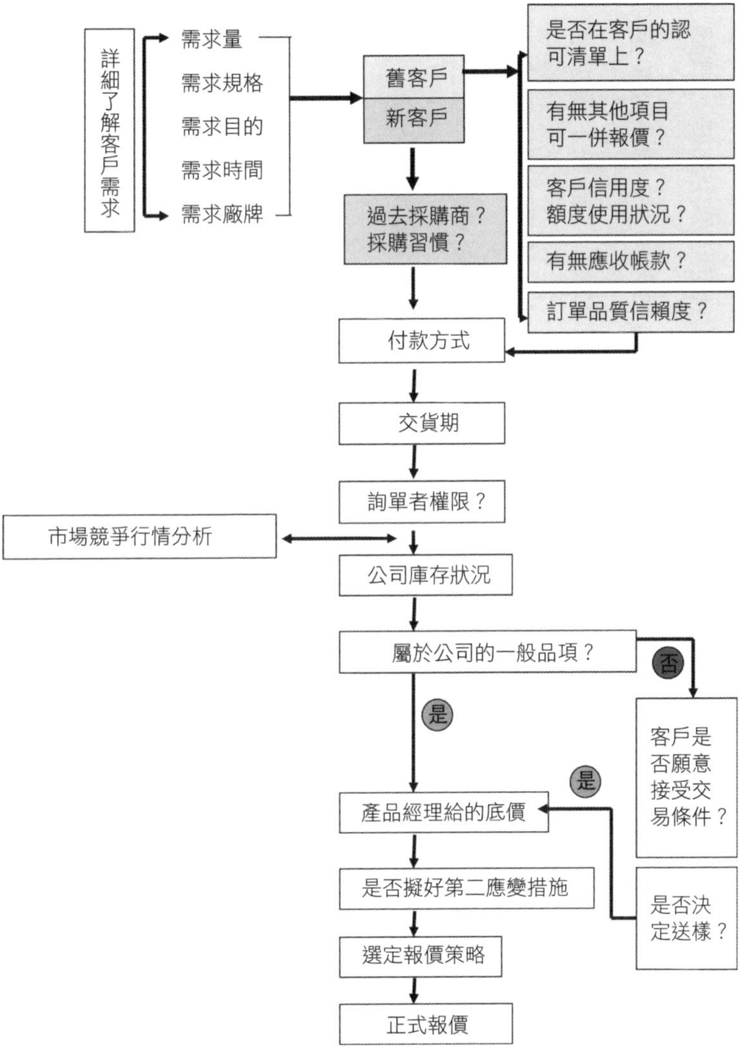
詳細了解客戶需求
需求量
需求規格
需求目的
需求時間
需求廠牌
舊客戶
新客戶
是否在客戶的認可清單上？
有無其他項目可一併報價？
客戶信用度？額度使用狀況？
有無應收帳款？
訂單品質信賴度？
過去採購商？採購習慣？
付款方式
交貨期
詢單者權限？
市場競爭行情分析
公司庫存狀況
屬於公司的一般品項？
否
是
客戶是否願意接受交易條件？
是
產品經理給的底價
是否擬好第二應變措施
是否決定送樣？
選定報價策略
正式報價

• 市場有無缺貨趨向？

總而言之，當你接到客戶詢價時，一定要先行掌握狀況後，再決定如何報價，切勿先露底牌、輕易報價，以免喪失彈性。

最合宜的報價數字

或許，有人會質疑：「報價」有必要搞得如此複雜嗎？是否太過小題大作？一位任職於進出口公司的業務高手，在教導後進業務員時，時常強調：「我們在客戶詢價後到正式報價前的這段時間，會認真分析客戶真正的購買意願和意圖，然後才會決定給他們嘗試性報價（虛盤），還是正式報價（實盤）。」

換個角度來看，「掌握報價過程的奧祕」對業務員來說，不只是在於如何訂出一個漂亮的價格，也是在於如何透過報價的過程，更了解客戶與貼近客戶。所以，我們可以透過下列技巧，讓你的報價數字更能貼合客戶需求。

一、假裝不知道行情

有時我們在面對客戶詢價時，可以假裝不知道行情，告訴客戶：「因為太久沒銷售此產品，所以……」或是：「庫存剛賣完，新進貨還要再確認」，透過良好的溝通技巧與互動，先試著了解客戶心中可能的目標價，再以客戶的目標價反過來向上游原廠爭取，讓報價的作業可以更有效益，避免來來回回浪費客戶和自己的時間。

二、客戶的目標價最好是一個範圍

常常看到業務員跑來問產品經理說：「X品項一顆四．八元，你可以接受嗎？」這看似理所當然的問法，其實對負責產品決策的同事來說是很難做決定的，因為在產品經理決定給業務員底價之前，他還必須要有更多相關條件作為輔助決策的考量，而不是針對單一價格數字便驟下「可以」或「不可以」的承諾。

一般產品經理在上述情況下，他會想要知道的相關訊息是：

- 如果X品項一顆報四．八元的話，會拿到多少單？
- 如果報五．二元會不會掉單？
- 假設報四．六元的話，是否又有把握可以多拿點訂單？

也就是說，報價並非單純只是一個數字問題，必須彙整相關範圍的資訊作為報價的準則，才能擬定最佳化的報價策略。所以，當你在試圖了解客戶目標價的過程中，所得到的「目標價」，最好是一個範圍，而不是單一的數字（如表一）。

換言之，業務員在報價之前，除了要掌握客戶、自己和市場等狀況之外，還應該能夠在和產品經理或主管商談產品底價前，先和客戶「溝通出一個可能被接受的範圍」或「透過溝通

表一　「客戶目標價」應該是一個可能範圍的判斷資訊

XX品項	一顆五．二元	可能拿不到訂單
	一顆五．〇元	可拿到一萬顆的訂單
	一顆四．八元	可拿到三萬顆的訂單
	一顆四．六元	可拿到十萬顆以上的訂單

過程，由自己綜合判斷出可能被接受的範圍」，才能做出較合宜的報價策略。

三、對象不同，報價策略也應該有所不同

基本上，客戶進貨的對象可分成三大類：原廠直銷、代理商、小貿易商或單幫客（trader）。一般，原廠會直接對應的客戶，大都是採購量達到一定規模的國際知名品牌；至於代理商，則是我們最主要的競爭對手，也是廝殺最激烈的市場；反之，經過小貿易商或單幫客供貨的客戶，通常都會有些特別的原因。而這些訊息也將會是在你擬定報價策略時很重要的參考指標。

比如說，小張拿到一份潛力客戶的名單，如表二：

從這份客戶開發名單上，我們可以看到客戶D實業、E信息和F光的主要供應廠商對象是小貿易商或單幫客時，就應該要注意到這幾家客戶必然「會有些特別的原因」，才會選擇小貿易商或單幫客作為供貨對象，因此你應該在下列兩個業務面向上多些考量：

1. 報價方面：單價或許可以比一般客戶報得稍高一點，因為小貿易商或單幫客的報價都已經再過一手，也讓你有更多報價彈性的空間可考量。

2. 生意方面：試著深入了解其背後的特別因素是：有特殊關係？特殊安排？不需要開發票？或是該客戶可能因為地處偏遠或產品領域太過偏門，尚未被各家代理商發掘……等，以作為你整體業務開發、規劃的參考。

四、通盤檢視可能成本，精算後才能報價

許多業務員只看到直接成本，不但沒想到

表二

客戶名稱	員工人數	終端產品	主推料件		用量	產量	目標市場容量（數量）	目標市場容量（金額：千美元）			主要供應廠商
			品牌	料號／品項		千顆／月	千顆／月	本月	第二個月	第三個月	
A電子	800	External HDD-1	FSC	KF50BDT	1	50	50	0.0	0.6	12.5	A代理商
A電子	800	External HDD-2	FSC	CD4052B	1	50	50	0.0	5.0	20.0	A代理商
C電子	600	STB	EON	EN29LV160	1	10	10	25.0	25.0	25.0	C代理商
D實業	150	PDA-1	FSC	FAN7842MX	3	150	450	121.5	81.0	54.0	A小貿易商
D實業	150	PDA-2	FSC	FDLL4148	10	150	1500	25.0	25.0	25.0	A小貿易商
D實業	150	PDA-3	AOS	AOT428	6	150	900	54.0	27.0	27.0	A小貿易商
E信息	200	Charger	ST	CD4052BM	1	100	100	36.0	36.0	36.0	B小貿易商
F光	300	BAL	FSC	FJP13009H	1	30	30	0.3	0.3	0.6	C小貿易商
合計								452.6	451.5	442.1	

可能還有應收帳款利息、存貨利息、呆料準備金等交易成本產生，更沒想到間接成本（薪資、設備、後勤、租金、運輸、交際費等開銷費用），以至於在報價時並未仔細推敲單價的報價策略，甚至對客戶動輒砍個四角、五毛也沒那麼在意，其實，「半導體電子零組件通路」真的是錙銖必較的行業，報價時只要單價差個「〇．一元」，後續獲利就會差很大，甚至如果在執行過程中又沒有很順利，而產生額外費用的話，就可能會變成虧錢做生意了。

以下我們就從業務員A的角度來學習應該如何思考，才能找到最合宜的報價數字。

業務員A君同時推銷X料號產品給客戶甲和客戶乙。客戶甲預計採購三萬個，客戶乙則預計採購兩萬個，其中，因為客戶甲很難纏，一直希望A君可以多給些折扣優惠，A君拗不過，心想：「好吧！客戶甲採購數量比客戶乙大，既然毛利還有七．四%，我們應該也不會有太大損失，反正薄利多銷，只要最後賺得比較多就好了。」

A君想定後，就順應了客戶甲的需求，爽快地再讓個一%給客戶甲。怎知，等到財報出來後，實際結果竟與A君的想法有很大落差，他作夢都沒想到，這筆買賣竟是一筆虧錢的生意，而罪虧禍首則是那一%。怎麼會這樣呢？

經過仔細分析後（如表三），A君終於找到「差之毫釐，失之千里」的原因：

1. 自己對成本的認知不足，未能抓穩報價的底線，以至於當其他相關開銷攤進去之後，甲客戶的這筆生意反而沒賺到錢。
2. 報價前並未精算，只是直覺地認為客戶甲的業績（銷售量三萬個）看起似乎比較好，但精算後的結果卻與直覺相反，實際上採購兩萬個的乙客戶才是對業績有貢獻的生意。

數日後，A君又順利開發了另一家客戶C，客戶C也對X料號產品產生高度興趣，預計採購三萬個，但是

表三

			交易成本							
			應收帳款利息費用占總銷貨金額比	存貨利息費用占總銷貨金額比	呆料提列增減金額占總銷貨金額比	應付帳款所賺取的利息費用占總銷貨金額比				
	銷售數量	毛利率（Margin）%	AR interest%	Stock interest%	Stock Prov. %	Billing interest%	扣除利息後的毛利率%	其他開銷	淨利率（Net）%	實際獲利
客戶甲	30,000	6.4%	-2.26%	-1.25%	-0.96%	0.51%	2.44%	2.50%	-0.06%	-1,800
客戶乙	20,000	7.4%	-2.26%	-1.25%	-0.96%	0.51%	3.44%	2.50%	0.94%	18,800

先決條件是：A君必須再讓些折扣給他們。

有了客戶甲的經驗之後，A君這次亦步亦趨地將各種可能的方案一一寫下來（如表四），認真地「精算」各種可能的結果。這次，他認為：「至少整體獲利應該要比客戶乙還要高，才不至於白忙一場吧！」

看到這樣真實反映的現況，你想到該怎麼評估了嗎？從表四A君的報價演算來看，假設以毛利七．四%報價會掉單的話，至少他的報價也應該要維持在七．一%（方案六）到七．三%（方案八）之間，否則就會比賣給客戶乙兩萬個X料號產品的獲利還低（見表三：A君賣給客戶乙的實際獲利為一萬八千八百元），如此，不僅又會重蹈客戶甲時的錯誤，也失去原先讓利給客戶的目標（只要最後賺得比較多就好！），因為整體來說，A君在客戶C身上花的時間、精神絕對比客戶乙還多，如果實際獲利卻更少，豈不等同是虧本生意。

切記：報價數字應該是整體慎重評估後的結果反映，所以身為優秀的業務員在考量報價數字時，不能只看表象，必須將直接成本、間接成本都納入你考量拿捏的範疇之

表四　A君針對客戶C的報價演算表

	銷售數量	毛利率%	扣除利息後的毛利率%	其他開銷	淨利率%	實際獲利
方案一	30,000	6.6%	2.64%	2.50%	0.14%	4,200
方案二	30,000	6.7%	2.74%	2.50%	0.24%	7,200
方案三	30,000	6.8%	2.84%	2.50%	0.34%	10,200
方案四	30,000	6.9%	2.94%	2.50%	0.44%	13,200
方案五	30,000	7%	3.04%	2.50%	0.54%	16,200
方案六	30,000	7.1%	3.14%	2.50%	0.64%	19,200
方案七	30,000	7.2%	3.24%	2.50%	0.74%	22,200
方案八	30,000	7.3%	3.34%	2.50%	0.84%	25,200
方案九	30,000	7.4%	3.44%	2.50%	0.94%	28,200

中，深入評估、錙銖必較。

五、估算可能的漲價空間，一次漲足

還有一點必須提醒：報價時，如果已經知道該產品即將漲價，就必須事先估算進去，一次漲足。當然，你可以同時也提供給客戶些許折扣，但是切記：千萬要避免採取每個月調漲以反映實際成本的做法，這樣反而會讓客戶產生許多次不舒服的感受，幾次下來以後，這種感受便可能會擴大成整體先入為主的增強印象，反而不妙，所以說，與其這樣，還不如和客戶坦誠說明，一次漲足。

不過，若是屬於時價性的產品，比如記憶體等，因為價格波動極大，就不適用「一次漲足」這項做法。

彈性運用的報價方式

大體而言，業務員的思考並非是純線性式的對價關係，也不應該是「一加一等於二」這種絕對式的算術公式，它必須是靈活的，換言之，在業務員的世界裡，沒有絕對的標準答案，你永遠要去思考是否還有更多不同的組合與選擇。

所以，當我們面對客戶某個問題時，應該避免成為一對一式呆板反應的業務員，與其只提供直接對應式的答案，不妨好好把握住客戶詢問的機會，設法透過你的「一個輸入／多種輸出」的變化球，將業務機會的可能範圍予以極大化。

以下，我們便以幾種狀況來解析，當你面對客戶詢問時，該如何提供「一個輸入／多種輸出」的報價技巧。

技巧一：當客戶問A時，你所答的可能是B

問：當客戶只詢問一個項目？

答：你可以報價五個項目：因為你知道客戶用五個項目在同一個機型上。

問：當客戶詢問三個項目？

答：你可能只報價一個項目：因為你知道另外兩個項目無競爭性，或是無利潤，或是有交貨的問題，若是報價該兩個項目時，最後結果只會徒增壞印象而已。

問：當客戶詢問A廠牌？

答：你可能報價B廠牌項目：因為B廠牌較具競爭性，或是利潤更好，或是交貨較佳，未來不會對客戶生產線造成問題等。

問：客戶要求十萬個一次交貨的價格？

答：你可能報價分批交貨價格：因為考慮到執行時可能的交貨問題及額度使用情況。

問：客戶要給你三個月訂單？

答：你可能只接一個月的訂單：因為你考慮到漲價的趨勢及潛在的風險。

技巧二：當客戶問一個A時，你可以有多種B的回答

問：比如說，當客戶需求五十萬個TIP41A料號產品時？

答：你可以提議：

1. 以五十萬個TIP41B料號產品應急：因為目前TIP41A正缺貨中，短時間內無法供貨，客戶如果無法等待，建議客戶可考慮以規格和價錢都稍高的

圖四　「一個輸入／多種輸出」技巧一：問A答B

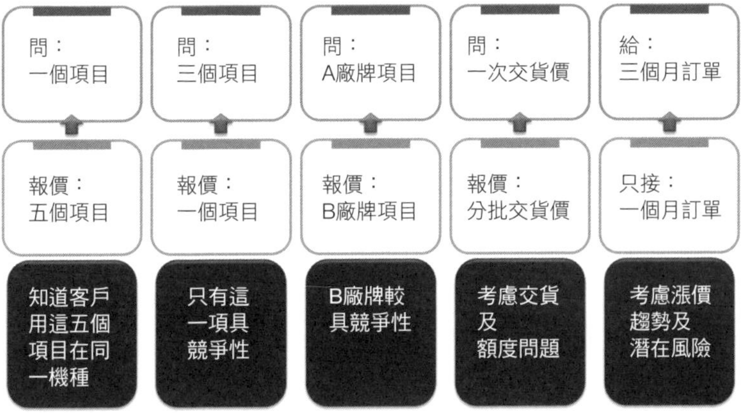
問：一個項目
報價：五個項目
知道客戶用這五個項目在同一機種
問：三個項目
報價：一個項目
只有這一項具競爭性
問：A廠牌項目
報價：B廠牌項目
B廠牌較具競爭性
問：一次交貨價
報價：分批交貨價
考慮交貨及額度問題
給：三個月訂單
只接：一個月訂單
考慮漲價趨勢及潛在風險

TIP41B應急。

2. 以二十萬個TIP41A料號產品和三十萬個TIP41B料號產品應急：因為目前TIP41A庫存只有二十萬個，如果客戶有急單需求，或許建議客戶不足部分可考慮現有庫存之TIP41B應急。

3. 高價低賣：目前TIP41A沒有庫存，TIP41B雖然成本較高，但是存貨很多，暫時又無其他客戶需求，為了避免跌價損失風險，及早處理掉，因此你願意以TIP41A的價錢高價低賣五十萬個TIP41B給客戶。

4. 確認客戶是否還有其他需求：除了五十萬個TIP41A需求之外，應該順帶詢問客戶還有沒有其他零組件可以配合。

問：比如說，當客戶詢價兩萬個TIP31A料號產品時，你的報價可以有數種組合的模式。

答：你可以提議：

1. 更換品項：改報TIP31B：因為TIP31B的庫存較多／較常進貨，而且規格可取代

TIP31A。

2. 兩種品項混搭：報一萬個TIP31A和一萬個TIP31B，以防TIP31A庫存不夠時可以用TIP31B取代。

3. 提高需求品項報價：刻意拉高TIP31A價格，降低TIP31B價格以吸引客戶買TIP31B，因為眼前TIP31B庫存較多，或是銷售TIP31B的利潤較好。

技巧三：數量變化球的技巧

問：比如說，當客戶詢價十萬個LMXXX料號產品時？

答：你可以提議：

圖五之一 「一個輸入／多種輸出」技巧二：問一個A，答多種B

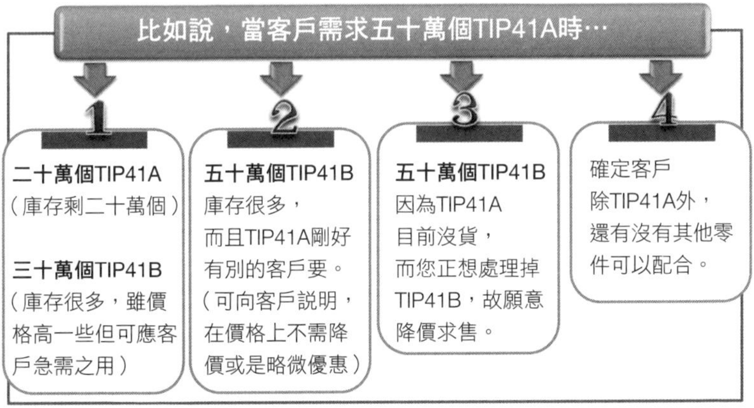
比如說，當客戶需求五十萬個TIP41A時…
1
二十萬個TIP41A（庫存剩二十萬個）
三十萬個TIP41B（庫存很多，雖價格高一些但可應客戶急需之用）
2
五十萬個TIP41B 庫存很多，而且TIP41A剛好有別的客戶要。（可向客戶說明，在價格上不需降價或是略微優惠）
3
五十萬個TIP41B 因為TIP41A目前沒貨，而您正想處理掉TIP41B，故願意降價求售。
4
確定客戶除TIP41A外，還有沒有其他零件可以配合。

1. 少報數量：
- 只報兩萬個，因為庫存目前只有兩萬個，其餘還需要確認。
- 只報兩萬個，因為你了解該客戶每個月用量只有兩萬個，不可能買到十萬個。
- 只報五千個，因為你知道客戶額度已到了臨界點。

2. 多報數量：刻意報給客戶三十萬個的價格，以預留後面價格協談的空間，同時也嘗試敲定客戶未來兩到三個月的長單。

3. 拋出選擇題：
- 同時提供給客戶五萬、十萬和二十萬個不同數量、不同單價的報價單，讓客戶

圖五之二 「一個輸入／多種輸出」技巧二：問一個A，答多種B

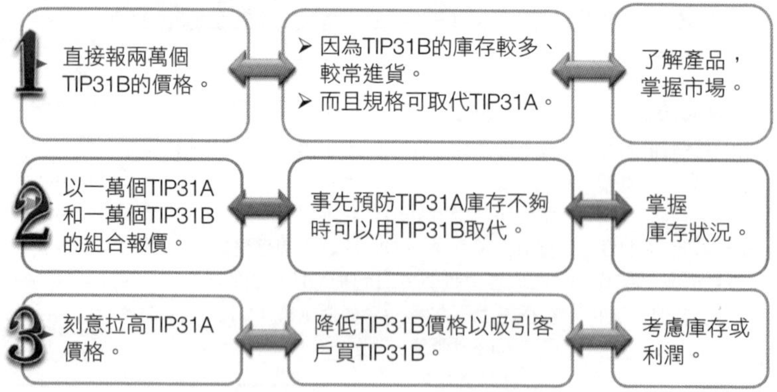
1
直接報兩萬個TIP31B的價格。
➢ 因為TIP31B的庫存較多、較常進貨。
➢ 而且規格可取代TIP31A。
了解產品，掌握市場。
2
以一萬個TIP31A和一萬個TIP31B的組合報價。
事先預防TIP31A庫存不夠時可以用TIP31B取代。
掌握庫存狀況。
3
刻意拉高TIP31A價格。
降低TIP31B價格以吸引客戶買TIP31B。
考慮庫存或利潤。

可以在選擇的同時也預留了可能的談判籌碼。

- 提供十萬個的報價，但分為現金價與九十天付款方式不同的兩種單價，或是同時提供臺幣交易價及信用狀交易價兩種報價參考。

總之，一般答案應該是多種組合而非單線式的。透過「一個輸入／多種輸出」的報價方式，不僅可以更深入地和客戶互動，也可因此更了解客戶的可能需求，提供給客戶更多元或更完善的建議方案。

影響變化球的相關條件

總之，產品經理提供給你的價格或是訊息都只是一個方向指引而已，業務員必須自己思考你的「變化球」怎麼投，不要只會投直球，要懂得應用自己所能掌握的所有資源，並進而預測客戶可能的選擇，做不同報價組合，以符合你最期望的結果。

圖六 「一個輸入／多種輸出」技巧三：數量變化球的技巧

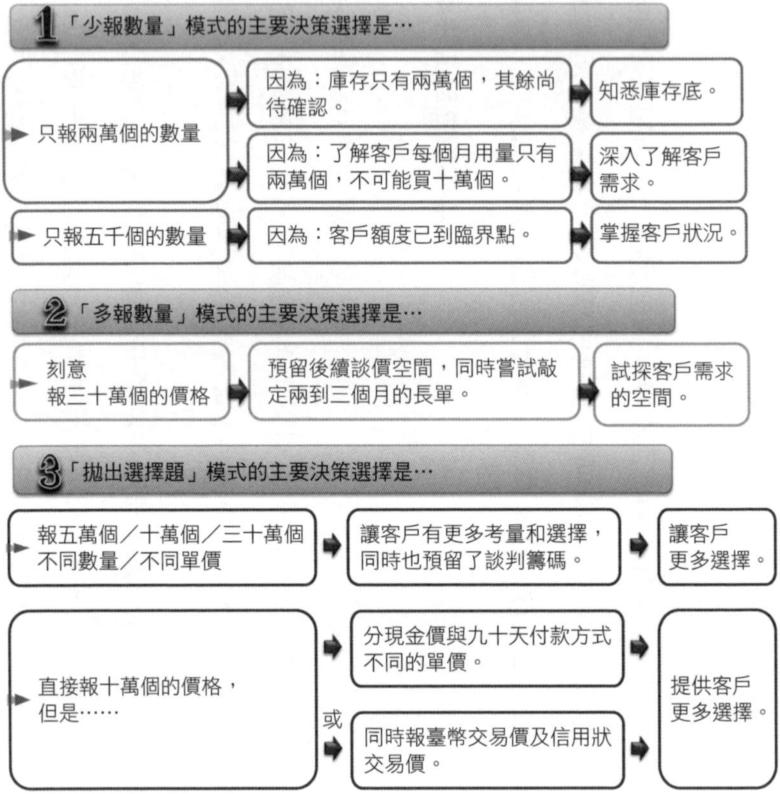
1「少報數量」模式的主要決策選擇是…
只報兩萬個的數量
因為：庫存只有兩萬個，其餘尚待確認。
知悉庫存底。
因為：了解客戶每個月用量只有兩萬個，不可能買十萬個。
深入了解客戶需求。
只報五千個的數量
因為：客戶額度已到臨界點。
掌握客戶狀況。
2「多報數量」模式的主要決策選擇是…
刻意報三十萬個的價格
預留後續談價空間，同時嘗試敲定兩到三個月的長單。
試探客戶需求的空間。
3「拋出選擇題」模式的主要決策選擇是…
報五萬個／十萬個／三十萬個不同數量／不同單價
讓客戶有更多考量和選擇，同時也預留了談判籌碼。
讓客戶更多選擇。
直接報十萬個的價格，但是……
分現金價與九十天付款方式不同的單價。
或
同時報臺幣交易價及信用狀交易價。
提供客戶更多選擇。

事實上，投變化球的要訣也很簡單，關鍵在於：投球前你聯想到多少相關條件？比如說，提供客戶報價前，你是否已經衡量過下列可能有關的變數？

- 基本條件的考量：如庫存狀況、信用額度、該客戶過去的交易情況、交貨時間長短、一次交貨或是分批交貨、貨物價格（與匯率）的變動等。
- 額外條件的考量：如市場上同類型客戶的發展需求、市場變動、你知道客戶在同一機型上還有其他項目需求、客戶詢價產品項目的競爭性等。

而這些條件資訊其實都在業務員的日常工作範疇之中，只要你多用心就能充分掌握，再透過不斷地組合練習，很快就能讓你成為善於投變化球的業務高手，而靈活的思考則是想要躋身為一流業務員、躍登頂尖業務高手絕對必備的基本要件。

地雷型訂單的報價要項

有些業務員遇到客戶突如其來的需求時，常過於興奮，反而忽略了這張訂單是屬於長單或是特殊品項類的特殊訂單，以致開始接單執行後，才發現非常麻煩，得不償失。沒錯，面臨客戶長單和特殊品項報價時，是最容易讓人一不小心就會誤觸地雷的兩大情況，以下就針對這部分報價時，應該特別注意的項目提出說明。

地雷一：長單報價須知

經驗告訴我們：接長單往往「弊大於利」，多半是失敗的經驗，因此「原則上我們不鼓勵接超過兩個月以上的訂單」，因為電子產業所面臨的市場變化太快，一旦時間軸拉長，許多潛在風險便隨之相伴而生。以下我們就一起來看看長單有哪些可能的潛在風險，以及報價時應該注意哪些事項。

1.長單的潛在風險

- 當市場的單價跌價時，客戶多半不願意照原先承諾的單價與數量取貨。
- 當市場缺貨或漲價時，客戶卻堅持你必須履行原先承諾的單價及數量。常常你明知道可賣給其他客戶較高價格，但因為之前已有承諾，也相對失去彈性。
- 無法預測的匯率風險隨時會出現。
- 客戶的訂單萬一被取消，或是機種改變時，客戶多半不可能照原先承諾取貨，造成多餘的庫存。
- 原廠只要有其中一筆交貨延誤時，客戶就有權取消剩餘的訂單數量（甚至要求賠償損失），而夾在兩者之間的通路商，卻可能面臨無法向原廠取消訂單的困難。
- 已接受長單並完成備料時，才發現客戶的信用有變化或是額度超出預測（也可能是身為業務員的你未能事先做好預測規劃），以致進退兩難。

- 原廠有權針對三十天或六十天以後的預定貨（backlog）進行價格調整，但是身為通路商的你卻因為已經接受客戶長單，為顧及信用，不能相對調整賣給客戶的價格。

2.長單報價注意事項

萬一，你一定要對長單報價的話，就必須注意下列六點，以降低風險：

- 採浮動匯率方式或事先約定在某一區域（window）內不調整，超過則雙方同意調整。
- 訂單最好註明不可取消（或是標明有多少數量是不可取消的）。
- 註明訂單取消或改變數量時，必須在多少天之前通知我方（可依原廠取消規定天數而定）。
- 如果可以拿些訂金或預開信用狀最佳。

- 訂單上註明如果原廠有變化，我方可以在多少天之前通知客戶而不受罰。
- 同時，向原廠下的訂單上也要註明：交期延誤時，我方有權取消。

地雷二：特殊品項報價須知

所謂「一般品項」是指該料號（品項）流通較廣，比較多客戶在使用，這種品項雖然會面臨較多競爭對手或是殺價競爭的局勢，但多半只是損失五%到一〇%的利潤，虧一點無妨，最怕的是一旦有狀況便會血本無歸，這也正是「特殊品項」最大的風險所在。

因此，面對特殊品項的訂單時，應該在「送樣品給客戶前」就要考慮清楚，並取得所有必要資訊、確立所有應該堅持的交易條件，務必審慎以對。以下我們就一起來看看特殊品項訂單有哪些可能的潛在風險，以及報價時應該注意哪些事項。

1. 特殊品項訂單的潛在風險

特殊品項訂單雖然面臨的競爭對手較少，但也同時表示使用此項產品的客戶很少，因此，一旦碰到客戶所使用的料號變了、原先生產計畫取消或是該客戶被其終端客戶（end customer）取消訂單等狀況時，則客戶多半不願意照原先承諾取貨、付款，而我們也很可能找不到其他客戶對象可以去銷售，讓這些特殊品項的產品掉入死貨的地雷中，損失一〇〇%。

2. 特殊品項訂單報價注意事項

- 必須事前清楚了解這產品有到底有多少客戶使用？
- 是否單一客戶所占的使用比率特別高，比如說超過五〇%到六〇%以上，果真如此的話，則相對風險就會偏高，要特別注意。
- 事前了解對方的終端客戶是誰？

- 確認對方訂單品質的信用度（穩定度）如何？甚至連帶確認其終端客戶的訂單品質信用度好不好？
- 同樣的產品生產計畫有沒有在別的區域製造？比如說同樣的產品發給兩個區域，萬一這邊賣不掉的話，還可能會有別的客戶向你買。
- 此採購專案是否分為好幾個代理商或原廠同時供應？在其他代理商或原廠產品項下是屬於特殊品項，還是一般品項？
- 對方是否願意預付訂金？事前擬訂合約？或是願意提出保證確認訂單的履行（例如不可取消訂單等）？
- 萬一在沒有任何的承諾與保證之下，你的退路或備案會是什麼？

當你已經試過上述各種執行作業之後，再來決定是否要送樣或是報價都不遲，當然，你同時也一定要先想清楚：如果決定報價，你的報價策略是什麼？如果決定不報價，你不報價的策略又是什麼？有時，遇到這種地雷型訂單，在不影響客戶關係的前提下，有時選擇不報價或許也是最好的報價決策。

報價的注意要點

除了從上述幾個大面向考量報價問題之外，還有一些報價時必須注意的要點，也彙整如下，讓大家在思考報價問題上可以更為周延。

預留彈性與縮短有效期

由於當前市場變動太快，匯率的變化太大，常令人無法捉摸，因此報價上一定要保留彈性。業務員不妨可以透過下列幾種方式來保留報價上的彈性：

- 報價單的數量比你預期客戶訂單的數量大：比如說客戶要一萬個，你故意報兩萬個的單價，這樣，當客戶下單時，你才可以保有接受或再議價的空間。

- 報價單的付款期限（payment terms）比你預期客戶的付款期限短：比方說，客戶習慣的付款期限是次月結四十五天，你若是故意報成次月結三十天，那麼，當客戶下單時，還可以保有接受或再議價的空間。
- 以數樣元件產品組合的方式報價：如果客戶訂單並不是完全吻合你報價單上的元件組合（包括數量及項目）時，你便有彈性予以調整。
- 報價單上的數量、單價和交期應該採用範圍界定的方式：比如說一萬到五萬個的單價是○．一八元到○．一六五元，交期為三十至四十五天，這種方式將可保有較高度的彈性，讓未來訂單履行時進退自如。
- 加註特別條件：比方說必須在某月某日前下單或下單前重新確認等，這主要是考量到交期會因庫存數量和其他客戶的訂單狀況而隨時有變化。
- 採美元計價並以交貨前幾日的中心匯率為準。
- 以口頭「約略彈性」的方式報價，代替正式報價。
- 盡量縮短有效期，以便必要時可重新報價。

判讀資料正確性的重要

不管是從公司電腦系統中取得的資料，或是自己蒐集而來，還是請助理、同事協助你的，舉凡各方提供給你的相關資料，都應該維持適度懷疑，而不是照單全收，因為有些資料可能只是反映了局部，甚至有可能不正確，所以業務員必須自己詳加分析判讀，再加上常識判斷，或者是從過去經驗的判斷輔助，才能得到對自己最有價值的資訊。

總而言之，對事情必須要適度的存疑，正所謂「做事需在無疑處有疑，對人則要在有疑處無疑」。

賺取高利潤的同時，也要考慮後面的風險

有些業務員將報價提高，希望能獲取較高的利潤，站在個人立場上，這樣固然無可厚非，但是如果你的報價差價過大的話，就算買賣是你情我願，並且經過客戶同意的過程，然而報價若是高得有些離譜，本身就是很危險的決策，萬一哪一天有其他代理商削

價競爭或是代理線終止等狀況發生，客戶突然發現自己比別人貴很多時，心中必然不是滋味，這不愉快的感受很可能會讓你永遠失去這位客戶。

P公司和X原廠簽訂新代理合約後，接獲X原廠轉來訊息：希望P公司能積極爭取手機連接器客戶甲，使其從現有採用Y廠產品的習慣，轉而選擇X原廠的產品。當時，P公司負責這開發案的業務員A君，是一位很積極，也表現不錯的業務，他認為既然要取代Y廠，那麼報價策略就很重要。

於是，報價前，A君先對客戶甲做了一些功課，並試探他們採用Y廠的成本，當然，客戶甲也不會願意將具體價格告知A君，但在A君善用如果與範圍法的試探下，客戶甲最後終於鬆口，告知A君：「我們目前採購Y廠品項的價格大概在XX元到XX元之間。」

另一方面，A君也積極和新合作夥伴X原廠建立良好互動，並試探地詢問X原廠可能提供的價位區間。經過比較客戶端和原廠端所提供的價格區間，發現在兩個區間中還有可彈性調整的空間，於是，A君就決定從這彈性空間中線再往下調一％左右，報價給客戶甲。

謀定而後動的A君果真一舉中的，報價出去不久，客戶甲就回應說：「還可以，比Y廠要便宜。」A君順利地達成X原廠和公司交付的任務，爭取到客戶甲的業務，但是整體來看，這樁生意的利潤並不高。儘管如此，A君還是很努力也很積極地經營原廠端和客戶端的關係，有段時間他幾乎都鑽營在手機市場當中，並將相關訊息與客戶甲和X原廠分享交流，於是，很快就建立起三方緊密的信任關係。

不同以往原廠的做法，X原廠每一季都會主動降價給客戶，並透過代理商進行報價。但是對於積極想爭取更多利潤空間的A君，他並沒有完全跟進X原廠的政策。

A君採取的做法是：當他從X原廠拿到降價的比率後，他並未完全回饋給客戶，假設原廠每季降四％到五％話，A君則平均給客戶甲降二％左右。對客戶甲而言，因為A君總是主動降價，行政程序上也都很完備，每次都是先報價給客戶，再請其以電子郵件確認沒問題之後，才啟動執行，所以長期以來，一直很滿意A君的服務，雙方互動良好，讓這原本看似沒多大利潤的案子，有了很好的獲利。

怎知，當X原廠和P公司代理關係結束時，甲客戶又被X原廠轉給了新的代理商。新代理商業務員到甲客戶處進行報價時，甲客戶赫然發現：「怎麼A君的報價比X原廠提供給代理商的報價高出這麼多？」客戶甲很不高興地要求A君應該將所有差價退回，否則將扣住尾款，雙方為此僵持不下，甚至對簿公堂。最後，因為所有與客戶甲往來的文件都被A君完整保存，所以法官仲裁P公司有理，客戶甲不能扣押尾款。

綜觀整件事情，雖然最後P公司和A君贏了官司，但是與客戶過去的友好情誼卻瞬間化為烏有，甚至可能會永遠失去這位客戶，對一位頂尖業務員而言，這是非常遺憾的發展。切記：商場上，生意失去了，後續還可以爭取回來，但是，客戶關係一旦打壞了，就永遠失去做生意的機會。所以，當你想要賺取高利潤的同時，千萬不要忘記將後面可能的風險都考慮進去。

其實，從這個案例來看，A君無可諱言是位很不錯的業務員，如果，當時他在報價獲取高利潤的同時，能夠再多思考一下未來可能的風險，或許現在A君和客戶甲還有其他生意發展的可行性。俗話說：「偷吃要懂得擦嘴。」在你想要賺取高利潤的同時，一定也要考慮到後面可能的風險，才能避免殺雞取卵的做法，讓自己業務發展的路漸漸走到死胡同裡。

報價是一種承諾！

基本上，報價不只是要爭取做生意的機會，更是一種「承諾」，同時代表著公司和個人的信譽，所以絕對要非常慎重考慮各種可能發生的狀況，尤其是未來的狀況（包括原廠未來的供貨情形、價格變化趨勢、匯率等諸多因素），再以「最彈性」的方式報價。

既然報價是一種承諾，當然就不可輕言修改，以免喪失信譽。因此，一旦對外正式報價後，即使市場價格產生波動或是原廠價格調整，若是仍在報價的有效期限之內，我們就應該盡力維持原來的承諾，除非你能夠取得客戶的諒解，讓客戶了解到如果沒有調漲，實在很難從原廠取得足夠的分配量，讓對方通盤了解市場的不可測因素，進而願意共同分擔一些損失。

最後，再次強調：業務員是報價流程的主導者，而不是傳聲筒。

對客戶而言，業務員的角色是不容取代的，無論是產品經理、業務主管或更高階的主管最好都不要直接對客戶報價，即使碰到不得不報的情況，也要永遠報比業務員更高的價格，記得將面子留給業務員，畢竟業務員才是直接面對客戶的第一線，否則產品經理或各階主管就會變成業務員。

相對地，當客戶發生問題時，業務員也必須要有擔當、面對責任，不可輕易地把問題推諉給產品經理或主管，讓客戶到頭來只能找產品經理或主管，不再理會你，使自己喪失在客戶心目中的專業度和信任度。

主管充電站

一、不可直接對客戶報價或「扮白臉」

這是多數產品經理或主管常犯的錯誤。比如說，當你和業務員一起前去拜訪客戶，當客戶問到價錢時，多數產品經理或主管就情不自禁地報出價錢，當場讓業務員很難做人：「本來昨天跟客戶說十元，今天產品經理在現場，九元就答應給客戶！」

這是錯誤的示範，因為報價是業務員的權責，好人或白臉應該讓業務員來當，一旦你沒扮演好自己的角色或立場，讓客戶只想來找你，就會讓業務員淪為傳聲筒，失去該有的功能，而你也將疲於奔命。

身為產品經理或主管絕對要記得：「黑臉」才是你最適當的角色，無論在任何狀況下都不要直接報價給客戶，你可以告訴客戶：「我回去考慮後再給你合理的價格。」或是當客戶有問題，跳過業務員詢問你的時候，你更應該扮演好嚴格的把關者，絕不可開出比業務員更低的價格，使業務員喪失操作的空間。

二、報價給業務員時不可一視同仁

當業務員就客戶需求向產品經理或業務主管詢價時，你所提供的報價資料應該還要考慮到該業務員的個人特質：個性、角度、成熟度、經驗等相關條件後，再決定給他的報價。

比如說天性聰穎或是較資深有經驗的業務員，你只要給他方向，他就會自行做變化，亦即當你告訴他：「兩元以上就可以。」他就會自己去衡量報價數字，可能從二．三元、二．四元……自行調整，所以你給他的授權範圍，就可以大一點。

反之，若是天性憨直或是新手業務員的話，你就不可以丟出數字後就不管，而是要更清楚地告知他們這些數字背後的考量，多叮嚀一些相關內容，絕對不能只是隨便給個底價就好。

三、簽核與價格相關的單據時，應該慎思其背後的業務意涵

價格是一種「承諾」，當然應該非常慎重考慮，但是隱藏在價格下面的策略和思維才是主管簽核時更應該了解的重要關鍵，比如說：

1. 若是不批准這樣的價格，是否會連帶影響到其他的生意？
2. 這價格問題是整體性的問題？還是單一客戶的問題？
3. 若是整體的問題，是否該修改價格策略？或積極與原廠協調爭取更好條件？
4. 若是單一客戶的問題，理由為何？是屬於犧牲打策略？還是商品組合價？假設是商品組合價，其組合策略又如何？
5. 後面提供給原廠預訂貨數量，是否也應該隨之調整？
6. 銷售策略是否也需要隨之修正或調整？
7. 要不要設定一個低價促銷的策略，先將庫存品出清後，再重新進貨？

四、透過「樣品單」簽核，是對業務員進行在職訓練最好的機會教育

主管常會叮嚀業務員：「報價決策應該在『送樣品給客戶前』就要考慮清楚。」但對業務同仁來說，特別是新手業務員難免會掛一漏萬，如果主管在簽核到樣品單時，除了關心費用之外，還可以適時提醒同仁注意，將會讓他們印象特別深刻而清楚。比如說：

1. 該客戶的信用額度是否已經建立？
2. 該產品的規格是否吻合？是屬於公司的一般品項（有多少客戶在使用？是否為共通元件？）或是特殊品項？
3. 同一個產品專案中，通常都會需要許多料件，除了樣品單上的這些之外，是否還有爭取其他品項的可能機會，可否在這次一併提供樣品供客戶評估？
4. 公司庫存品中，是不是有更適合的品項可以優先或優惠提供給客戶？

5. 這產品專案看起來很有潛力，是不是應該請業務員安排，前往拜訪該公司高階主管？
6. 這產品專案看起來很重要，是否應該先和產品經理打聲招呼，請產品經理先行照會原廠，以利於後續業務布局？
7. 是否要在原廠處先行註冊客戶資料或報告？
8. 未來交貨是否順暢？
9. 寫業務預算計畫時，是否應該將這部分估算進去？

第二章

信用額度的全面思維

信用額度在一定程度上代表著企業的實力，反映其資金能力，以及對客戶承擔其可容忍的賒銷和壞帳風險，故而會有一定限額的總體信用額度，以維持企業營運目標和業務發展的順暢度。

也就是說，該企業可提供給所有客戶群的信用額度是有一定的總量管制，然後再根據個別客戶的信用條件，撥給其信用額度，以降低公司整體營運上的風險。換句話說，無論是談生意或是接訂單，業務員首要考慮的關鍵元素都應該是「風險」，而不是「業績」，亦即必須優先評估客戶「信用額度」的問題，才不會白忙一場（比如客戶倒帳、收不回貨款，或是等到要出貨才發現額度不足，無法成交）。

評估信用額度的要領

「風險第一，業績第二。業務員平日就要留心客戶的信用額度，多方打聽，旁敲側擊。」這個道理或許大家都懂，但是究竟該如何落實，我發現很多人常莫衷一是。因為每當客戶額度超過了限額，業務員提出申請，希望增加客戶額度時，我常會問他們有關客戶信用的基本問題，結果，很多業務員只了解跟客戶做了多少生意或用量多少等與信用無關的資訊，對於真正與信用有關的要點卻所知不多。

那麼，什麼才是與客戶信用息息相關的資訊？

客戶信用會藏在哪些資料中？

一般在衡量客戶的信用時，有所謂的5C原則：即品格（Character）、能力（Capacity）、資本（Capital）、擔保品（Collateral）和情勢（Condition）。至於金融機構則另有一套針對授信戶的5P評估標準：即前景展望（Prospect）、債權保障（Protection）、還款來源（Payment）、資金用途（Purpose）和授信戶（People）本身。

不論是5C或5P，重點都在於強調：評估客戶信用應該是全面性、多角度的。或許有很多資訊不是那麼容易可以直接取得，必須透過旁敲側擊、多方面打聽，或是靠平日的注意及長期觀察的累積，才能有所得，也因此，當你平常拜訪客戶時，就應該多些留心從周邊開始蒐集下列資料：

- 設立歷史。
- 實收資本額。
- 最近三年營業額。
- 最近三年獲利狀況。
- 大股東成分和持股比例。
- 員工人數。
- 不動產狀況。
- 大股東背景（包括過去信用、過去經歷、財力背景）。
- 經營者團隊背景（包括過去經歷、外界評價）。
- 往來的銀行及授信額度。
- 客戶的主要客戶名單。

- 其他廠商信用額度（大約值）。
- 投資架構圖（含關係企業）。
- 公司淨值（包括實收資本額、累積盈餘、公積金）。
- 財務報告（如果是公開發行公司，就比較容易取得）。
- 過去付款狀況與票期長短。

以上各點之中，或許大家會覺得奇怪：「為什麼還需要了解客戶的投資架構圖？」這是因為某些大公司為了稅務或其他問題，常常登記的公司比較小，但這並不代表他的信用不好，還必須進一步了解其母公司是誰？最好是能取得其子母關係架構圖，包括某些經過香港或是第三地等相關之子公司、孫公司等全盤了解清楚後，再進一步看看客戶的母公司是否願意提供保證（擔保），或是彼此之間的資源是否可以交叉運用？額度是否可以共用？或是能否願意做對外擔保（company's guarantee）等。

換言之，全面了解客戶子母公司關係架構圖，並將其可用的資源納入你的通盤規劃之中，不僅可以對客戶信用有更深入的了解，也可以讓你與客戶未來的業務發展和運用更多元而靈活。

從哪些管道蒐集客戶信用？

有時，最直接的路未必是最近的路，所以除了從客戶端及其相關處蒐集上述資料外，其實，公司裡也有很多資深業務員或是主管對多數客戶的來龍去脈了解甚深，只要你認真請教，就可以從同事嘴裡得到大部分的資料或線索，所以新進業務員千萬要切記：不要輕易放過向資深業務員或主管「挖寶」的機會。甚至，某些客戶還會有兩位以上的業務員負責，這時更可就近請益，彼此相互交換資訊。

客戶信用是動態的！

客戶的信用評等和公司的經營策略一樣，不會是一成不變的，會隨著所處的經濟環境和其產業競爭力而產生變化，所以業務員必須時時蒐集與客戶信用相關的資訊，定期審視、調整客戶的信用額度，才能將風險降至最低。

「就算是老客戶，一旦合作條件改變，也都應該要重新檢視風險狀況。」這一點也是一般業務員最容易忽略的關鍵作業。比如說，當你接到半年沒有生意往來的客戶甲的業務需求時，你會怎麼做？

多數業務同仁很可能就急著報價、接單，忽略了客戶信用額度的問題。或許你會很不服氣地說：「我們過去和客戶甲有生意往來時，他的信用一直很好。」但是，你怎麼能確定這半年來客戶甲的營運狀況沒有變化？萬一他們的產品訂單被終端客戶取消？或是在新一波競爭上，他們沒能爭取到先機？畢竟商場上瞬息萬變，一次失誤就可能讓公司蒙受重大的損失。所以無論過去如何，只要合作條件改變，業務員一定要用「第一次合作」的態度，重新審慎評估這位老客戶的信用，讓公司遠離可能的風險，也讓自己不會白做工。

案例：大單到，你做好信用額度評估了嗎？

業務員A君最近開發了一位新客戶甲，第一筆訂單約一千萬元左右。主管B君特別交代他務必先拿回支票，軋入銀行、建立信用額度後再出貨，只是，在支票兌現過程中，並未如預期般順利，狀況不斷，以至於處理很久後才收到客戶甲的這筆款項。

接著，業務員A君就突然接到客戶甲一張三億元交貨付現的COD票（Cash On Delivery）訂單，他開心地將這張訂單送簽給業務主管B君。怎知卻被主管B君硬生生地擋了下來。B君認為：

一、這些年，客戶倒帳風氣盛行，對新客戶尤其需要格外小心。

二、交貨付現的票可能今天送貨，明天支票才會兌現，「萬一」有什麼意外，三億元的風險實在太高，再加上上次支票兌現的過程並不順暢。

為了風險考量，主管B君請業務員A君進一步和客戶甲溝通：由於金額很大，除非先付款或開本票，公司才能接單出貨。幾經溝通，對方還是堅持要以交貨付現的票交易，並告知其老闆正在出差中，無法進一步透過高層溝通。

客戶甲的堅持與回應更是讓主管B君心中充滿疑惑，但是業務員A君表示：「客戶甲真的很想和我們做這生意，應該是沒有問題的。」不過，主管B君仍不放心，要業務員A君陪同前去拜訪客戶。他仔細觀察甲公司：公司只看到兩位員工，雖然有些產品，但規模很小，機器設備也非重型投資，如果需要的話，半天就可完全搬遷。

拜訪過客戶之後，他請業務員A君立刻找專人調查該公司背景，約兩到三天時間後，調查資料顯示：甲客戶之前的公司在中環，最近才搬到友尚香港辦公室附近，而且是附屬於另一家乙公司。再進一步調查乙公司發現，這是一家設在英屬維京群島的境外公司，「萬一」有什麼狀況，想追都不知從何追起。

主管B君自忖在業界多年，從未聽過這家公司，向業界朋友打探的結果，也沒有人聽過這家公司，於是再和甲客戶協商：是否可以像前一筆一千萬的訂單一樣，讓我們先收到支票，或是，如果可以的話，因為兩方辦公室很近，B君願意在出貨前半天，與客戶甲一起到銀行買個本票，由銀行擔保。但是客戶甲拒絕了主管B君的提議，還是堅持要A君先送貨，他再給交貨付現的票。

主管B君評估客戶信用的要領

主管B君告訴業務員A君，從風險的角度考量，這筆大單必須取消的三個理由：

一、公司背景：無論是經營團隊的背景、大股東背景都沒有資料，唯一的母公司卻是設在常被用來做為紙上公司（paper company）登記的英屬維京群島。

二、公司規模：觀察其公司狀況，是屬於那種早上送貨過去，下午就可以無預警不見的公司，因為其中並無任何重型資產的投資。

三、堅持交貨付現的方式：第一筆訂單一千萬，第二筆就拉高到三億元，又堅持交貨付現，而且客戶甲是新客戶，既無保險也無銀行應收帳款承讓業務（factoring）的保障，風險實在太高了。

最後，主管B君以「客戶信用額度」不足，把這個訂單取消了。果真，事隔數月之後，訊息指出客戶甲是一家空殼公司。主管B君又趁機嚴肅地告誡業務員A君說：「不要把接單看得太容易，在爭取訂單前，如果沒仔細做好信用額度評估的話，後續你想想看，得要做多少單，才能彌補這個損失？」

風險的種類和應對方式

切記：拿到一張訂單後，甚至尚未接單前，首要考慮的絕對是額度的風險。這也是公司規定額度的意義：希望透過這樣的機制讓業務員能夠重視並控管可能的「風險」。以下，我們就從狹義和廣義兩個角度來檢視額度使用上的可能風險。

五種額度使用上的風險

狹義來看，使用額度的風險有下列三種：

一、未兌現的應收票據。
二、未承兌之信用狀金額。
三、未收款。

廣義來看，額度使用的風險除了上述三項外，還應該再包括下列兩項：

一、庫存中專為該客戶準備的貨物金額。
二、向原廠預定貨中專為該客戶準備的貨物金額。

換言之，業務員在考量要承擔該客戶多少風險時，除了已使用的額度之外，還必須考慮到專為該客戶準備的材料總額是多少？萬一有狀況的話該怎麼做？

所以，通常業務同仁來找我談額度問題時，我總會進一步詢問他：「除了客戶原有的貨款之外，你幫他備的料是不是特殊料？總共備了多少量？」之所以這樣問的原因是：萬一該客戶發生問題，這些已經備料的專業零件如果無法順利轉售他人而變成呆料時，其實與呆帳是沒有差別的。

尤其是當客戶訂購的產品是屬於「特殊料號」時，業務員更要去思考：當該位客戶額度已滿時，你是不是還要繼續放帳給他？如果不敢，那麼就應當在向原廠批貨時，預先想好是否還有其他目標客戶可以轉移。透過事前的安排處置，及早把一些貨預做適當安排，以便該客戶真的有狀況發生時，還可即時挪貨，避免臨時措手不及。

因應之道：提前規劃、預測及申請額度

我常看到許多業務員，已經對客戶報價及接單後才來找主管，要求額度放寬。在此，又暴露出另一個多數業務面對信用額度時常忽略的事：未提前規劃、預測及申請。

事實上，這時的簽核對風險控管來說，都已經沒有太大意義，此時木已成舟，貨可能也已經進了公司倉庫中，主管往往礙於現狀，也不得不予以遷就，除非是該客戶真的有明顯跡象顯示會有問題，否則很少主管敢在接單後做「暫緩出貨」（shipping hold）的動作，這是為了避免可能直接帶來另外四種負面影響：

一、影響該業務員及公司的形象。

二、影響業務員及公司與客戶的關係。

三、造成另一筆呆料或滯銷品。

四、影響業務員的工作情緒或積極意願。

這時，主管的簽核已經變成「告知」而已，頂多只能提醒業務同仁下一筆如何防範罷了！所以，為了避免可能的風險，讓後續作業順暢，請各位業務員切記：所有的額度均應在兩個月前（至少一個月前）提出規劃，且務必通盤思考後再提出申請，切勿臨到頭才匆匆忙忙、急就章地作業。

何謂通盤思考？「通盤思考」指額度規劃內容應該同時具足下列兩項資料：

一、已使用額度（包括關係企業或跨部門所使用的情形）。

二、未來兩個月的計劃使用額度：一般銀行相關作業也必須花費一到兩個月的時間。

接單前，先問自己四個問題

總之，業務員在爭取訂單或者進行開發客戶設計導入（design-in）之時，先不要高興拿到多少訂單，或你設計導入了什麼東西，重要的是應該先問自己下列四個問題，以確認客戶信用額度，降低風險：

一、客戶目前額度使用的狀況如何？

二、客戶未來要付款時的額度狀況又會是如何？

三、銀行對該客戶信用度可能的最大極限是多少？

四、未來彼此生意合作大概會是怎樣的情況？依此推算未來可能的使用額度，並在三到六個月前就應該提出額度的需求、規劃，與相關單位開始進行討論。

很多業務員常常因為沒能事前想到這些問題，等到臨時要出貨了，甚至額度要超過了，才注意到這個問題，不但無形中風險隨之而生，還有可能看著業績過門不入。

案例：額度問題讓到手的業績差一點就飛了

A客戶八百五十萬元的額度已經在七月中全數使用完畢，業務員Y君才發現，緊急地向財務部門和主管求援，希望：

一、將甲銀行預計可在八月底再提供三百萬元的額度，提前到八月初使用。

二、A客戶是X原廠的重點策略合作夥伴，後續業務潛力看俏，目前八百五十萬元的額度將不敷使用，希望能放寬到一千五百萬元的額度需求。

面對Y君的第一項求援，礙於銀行的作業時間，眼看是趕不及Y君九月一日的出貨了，為了怕眼前的生意看得到卻吃不到，在財務部門向甲銀行再三確認增加三百萬元的額度，約可在九月十日至九月十五日放出後，高階主管同意Y君的申請，暫時以三百五十萬元的臨時額度應急。

但是第二項增加額度的請求，讓許多業務主管和財務主管傷透腦筋。

經洽詢香港外商及本國多家銀行，咸都認為A客戶才成立一年半左右，資本額近四億，是屬於小型的新公司，而且尚未上市櫃，所以除了甲銀行之外，其餘各銀行都不願意提供讓售額度，但是即使甲銀行同意再新增三百五十萬元額度，還是無法滿足Y君的額度需求。

再加上，X原廠因為A客戶是其重點支持的客戶，也主動出面通知Y君及其主管：希望能盡快準備好一千五百萬元至兩千萬元的額度支應A客戶的業績成長，明年還希望能增加到三千萬元至四千萬元的額度規模，假如Y君無法支應A客戶所需額度的話，將請其他代理商幫忙處理額度不足的部分。

疏忽了及早確認A客戶信用額度使用狀況，深陷在額度泥沼的Y君，眼看著自己就要與業績擦身而過，已經急得像熱鍋上的螞蟻，六神無主。這時，在業務主管提醒之下，急速找來A客戶最新的財報和股東名冊（含股東詳細的背景資料，若為公司行號則同時附上其營業項目及財報）。

面對額度問題的迷思與防範方案

一、額度申請需要作業時間

每次碰到額度問題，我總是一再地提醒大家要能夠做到：

1. 隨時注意「已使用額度」的狀況。
2. 務必提前審視未來兩個月計劃使用的額度；就算找到銀行願意讓售，一般相關作業也必須要一到兩個月的時間。

二、要求或需求不必然是增加額度的必要條件

遇到額度需求時，業務員幾乎都只一味地提出需求，請託財務單位設法處理，卻沒養成「Give & Take」的習慣，在提出需求的同時也應該盡可能將「可以佐證放大額度」的資訊同步準備好，否則，又怎能強力說服別人（銀行、保險、主管等）滿足你的需求？

三、運用資料不等於善用資料

當大家看到A客戶的最新財報與股東名冊的資料後，你會怎麼處理？只是運用資料，還是會善用資料？

1. 運用資料：盡快將它直接轉給財務部門，讓財務部門可以提供給各銀行及保險公司，重新爭取額度。因為你認為這是一份財務資料，非業務部門的專長。
2. 善用資料：其實，最了解客戶的應該是業務員自己，所以善用資訊的業務員拿到客戶相關資料後，除了轉給相關部門外，也會自己深入解讀、分析，設法從蛛絲馬跡開始找出隱藏在背後、對我們訴求「放大額度」可能有利的資訊。因為你知道：資料的價值在於解讀、分析之後，它所能發揮的影響力，關鍵「不在於拿到一手好牌，而在於打好一手壞牌。」

從中找到了足以佐證A客戶實力的數據，使原本四處碰壁的額度瓶頸，瞬間豁然開朗，最後，多家銀行一反之前的保守態度，都樂意提供更多額度給客戶A，順利解決了Y君當前的困境及後續因應業務成長需求之額度空間。

面對額度問題的應變方案

一、額度問題必須大家都用心

1. 請業務部同仁：自己要養成隨時注意、預前規劃、提早作業的習慣，不但可降低自己的壓力、減少讓他人為難，更可確保生意的順暢，何樂不為！
2. 請財務部同仁：將額度即將用罄的客戶資料定期整理出來，提供業務部及相關主管參考，透過事前的警示，提早處理額度問題。

二、增加額度，銀行不是唯一的選項：除了銀行以外，你還可思考：

1.保險額度的可能性。

2.透過質押取得額度：比如A客戶的存貨、土地、機器設備、股票等。

3.透過雙方資源多方尋求售讓額度：比如雙方的往來銀行、雙方的關係企業或香港、大陸等不同區域關係企業的往來銀行等。

4.貨品買賣：比如買入A客戶的貨品再轉手賣出等。

三、百聞不如一見：有時「盡信書不如無書」，所以除了數據資料外，還必須再透過親訪、驗證的過程，才能更準確掌握客戶信用的全貌。

信用額度不足，怎麼辦？

有天，因為某客戶的額度瀕臨臨界點，負責的業務同仁來找我商量，希望我能簽核放寬額度，於是我請教這位同仁說：「要是額度真的不足，你有沒有什麼方案？」

「沒什麼方案啊，大不了就不出貨囉。」

看似輕鬆瀟灑的一句話，正顯示出該業務同仁在觀念上的錯誤，其實「客戶額度不足，我們不是一句『不出貨』就了結，因為這樣並沒有解決問題，這當中還有許多關鍵需要思考。」我忍不住指導他在處理額度不足時，該有的正確動作。

額度不足時的標準作業程序

一、確認是否有庫存或呆料的風險：你應該先去確認庫存，思考是否有機會移轉給客戶，有時候，產品可能因為有生命週期或是屬於特殊料號的問題，如果我們不出貨給客戶，擺在庫存也是死貨，那還不如說服產品經理大膽嘗試一下，冒險把貨出掉。

二、尋求向銀行賣斷額度的各項方案：從我們與客戶端雙方面確認，看看在我們與客戶都熟悉的銀行中，哪間銀行提供給客戶的額度最高？或者思考能否透過我們或客戶的關係企業來尋求變通方案，藉由第三者來向銀行申請賣斷貨款？（友尚目前採行應收帳款賣斷業務的策略，也就是將大部分的客戶貨款賣斷給銀行，以取得現金，加速資金週轉的速度，並同時降低營運風險，等同於「融資」加上「保險」，以支應友尚做到大於資本額三、四十倍營業額的生意。）

三、通知產品經理預先對貨物做必要的安排：接下來，就應該趕緊通知產品經理取消多餘的預定進貨，或者趕緊將庫存中生命週期即將到期的產品和屬於特殊料號的產品盡速清掉。

四、合約檢視：檢視合約中有否因為不交貨造成客戶斷線，以致產生違約罰款的問題？

聽完我這一席話之後，該業務同仁思路大開，啟動「額度不足時的標準作業程序」後，決定將客戶所訂購的貨品中，部分生命週期即將到期的產品先闖關出給客戶，其他沒有死貨問題的產品，則透過客戶在香港子公司向銀行申請賣斷貨款，最後還不忘提醒產品經理：「某型號產品如果再不出貨，即將有成為死貨的風險，必須趕緊處理。」圓滿地解決了額度不足的困境。

額度不足時的處理要領

確實，主管或產品經理為了兼顧許多其他的考量，未必能滿足所有業務同仁的額度需求，這也是通路商面對客戶經營時，最常遭遇到的問題之一，以上的四項步驟，只是最基本的標準動作，其實，面對客戶額度不足時，我們還有許多環節必須一一釐清，才能思考出最佳方案，降低公司風險、避免損失。

萬一，身為業務員的你未能獲得足夠額度，不妨可以開始思考下列問題及動作：

- 選擇已有庫存或預定貨中，屬於客戶專用的零件先交貨。
- 選擇公司的滯銷品先交貨。
- 選擇較高利潤的品項先交貨。

- 預先通知客戶哪幾個項目無法吻合客戶的交貨期，或是無法符合客戶目標價（故意放棄），不要讓客戶先下單給你。如果已經下單，則必須及早通知客戶會有未能交貨的情況發生，再與客戶一起協商可能的因應之道。
- 引導客戶開信用狀或提供付現金折扣的方式，提早收回貨款，讓出額度空間。
- 等待某些票期兌現後再交貨。
- 改報短票期的單價，提早兌現貨款，讓出額度空間。
- 想辦法將原本預測給該客戶項目而不打算交貨的數量轉售給其他客戶，或請求其他業務員及產品經理協助處理多出來的數量。
- 通知產品經理取消多餘的預測以及取消訂貨。
- 轉移目標開發新客戶，或將時間花在額度未滿、信用良好無額度問題的客戶。
- 蒐集更多有關該客戶信用問題的資料，以說服你的主管放寬額度。

多元方向尋求額度的變通

除了以上針對「風險」的控管和處理之外，其實，在面對額度不足或是當額度已達到飽和之際，業務員還可以運用水平思考尋求更多的積極作為和變通：

一、從付款和交貨入手：

當額度已達到飽和時，除了可以直接請客戶提出可擴大佐證的財報資料以增加額度，或是了解客戶真正營運、財務狀況，爭

圖七　當額度已達飽和時的應變方式

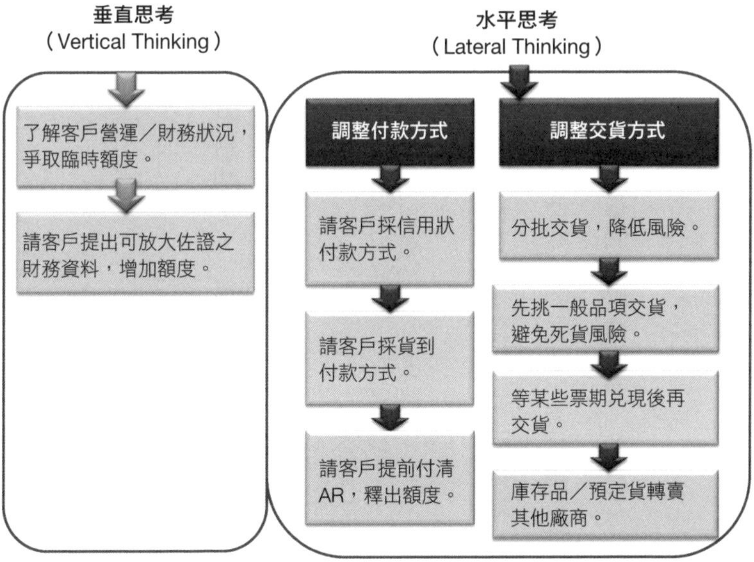
垂直思考
(Vertical Thinking)
了解客戶營運／財務狀況，爭取臨時額度。
請客戶提出可放大佐證之財務資料，增加額度。
水平思考
(Lateral Thinking)
調整付款方式
請客戶採信用狀付款方式。
請客戶採貨到付款方式。
請客戶提前付清AR，釋出額度。
調整交貨方式
分批交貨，降低風險。
先挑一般品項交貨，避免死貨風險。
等某些票期兌現後再交貨。
庫存品／預定貨轉賣其他廠商。

取臨時額度之外，你還可以從下列兩方面試著與客戶溝通，積極地找出變通方案：

- 調整付款方式：比如說，可否請客戶改開信用狀或貨到付款模式？或是可能請客戶先付清未到期的應收帳款，以釋出額度？
- 調整交貨方式：比如，可否採分批交貨（partial shipment）模式以降低風險？可否先挑選特殊品項交貨（避免變成死貨、形同倒帳）？可否等某些票期兌現後再交貨？庫存品（或預定貨）是否可以賣給其他廠商？

二、同步從客戶端與跨區域的資源入手：雖然要順利執行賣斷業務，必須透過銀行提供額度，有較多的限制，但是也並非完全沒有其他變通的做法，還是應該掌握時間，因應實際狀況，設法變通；特別是在國際化的市場做生意，千萬不能只侷限於臺灣的思維。

所以在面臨信用額度問題時，不妨也同時從公司端和客戶端進行雙邊確認，考慮看看是否可以透過靈活運用彼此的資源和關係，以交叉思考的評估和思維模式，更彈性地尋求多角度、多家銀行支援的可能，取得足夠額度，不僅可將自身的風險降到最低，也可擴大營業績效。

案例：面對三千萬業績的額度，真的一籌莫展了嗎？

甲客戶的額度已經超過了，業務部和財務部主管不知如何是好，緊急找我商量。

我詳細地問業務部主管：「這客戶的信用額度到底還有沒有？」

業務部主管回答：「甲客戶去年虧本，今年第一季看起來也是小虧，所以銀行額度暫時還沒下來。」

我問財務部主管：「客戶目前已經使用多少額度？」

財務部主管回答：「三千九百萬。」

我對財務部主管說：「這已經遠超過公司給你的權限範圍了，為什麼沒及早知會業務部和高階主管呢？如果以目前情況和銀行談，又可以爭取多少額度？」

財務部主管回答：「有兩間銀行表示，可能可以提供額度，其中一間約三千萬，另一間約兩千萬，但是都還沒有下來。」（在此情形下，我們當然選擇願意提供三千萬額度的銀行。）

我又問業務部主管：「究竟你最大的額度可能會用到多少？」

他愁眉苦臉地說：「可能要六千萬。」

於是，我問他們：「那還差三千萬的額度怎麼處理，你們有因應的方案嗎？」

兩位主管面面相覷，一籌莫展。

我一方面鄭重地告訴業務部主管和財務部主管，他們各犯了哪些重大疏失，一方面也思索著：甲客戶在臺灣的銀行暫時並沒有額度，就算透過財務部同仁的協助最多也只能爭取到三千萬的額度，還不足的三千萬額度，怎麼辦？究竟該以何種變通方式解此方程式？

之後，我拿出紙筆畫了下頁圖八，告訴他們：「碰到額度不足或沒有的情況時，你

圖八 尋求額度的優先順序與變通方案

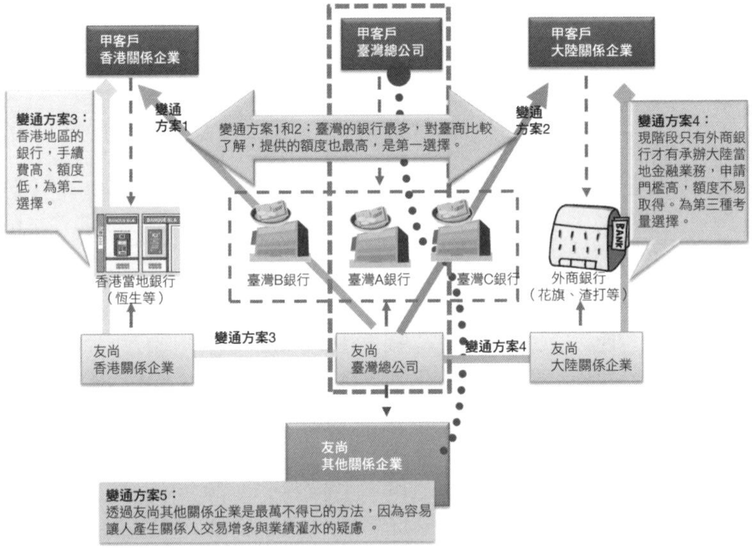
甲客戶
香港關係企業
甲客戶
臺灣總公司
甲客戶
大陸關係企業
變通方案3：
香港地區的銀行，手續費高、額度低，為第二選擇。
變通
方案1
變通方案1和2：臺灣的銀行最多，對臺商比較了解，提供的額度也最高，是第一選擇。
變通
方案2
變通方案4：
現階段只有外商銀行才有承辦大陸當地金融業務，申請門檻高，額度不易取得。為第三種考量選擇。
香港當地銀行
（恆生等）
臺灣B銀行
臺灣A銀行
臺灣C銀行
外商銀行
（花旗、渣打等）
變通方案3
變通方案4
友尚
香港關係企業
友尚
臺灣總公司
友尚
大陸關係企業
友尚
其他關係企業
變通方案5：
透過友尚其他關係企業是最萬不得已的方法，因為容易讓人產生關係人交易增多與業績灌水的疑慮 。

們可以朝以下這些方向思考變通方案。」

變通方案1和2的思考點：

請先確認看看甲客戶在香港、大陸等地是否有關係企業，若是有的話，可以直接將付款通知開給甲客戶在香港或大陸的關係企業，並透過臺灣本地其他B銀行或C銀行提供給甲客戶香港或大陸關係企業的額度，申請應收帳款賣斷業務。

不過，採行這種變通方案的先決條件是：臺灣有其他的銀行願意授信給甲客戶香港或大陸的關係企業。在此前提下，我們必須要先確認下列事項：

一、甲客戶臺灣總公司持有其香港或大陸關係企業的股權比率是否夠高？是屬於百分之百直接持有？還是部分股權持有？或是屬於個人投資？

二、甲客戶臺灣總公司是否願意為其香港或大陸的關係企業提供保證？（假設甲公司香港或大陸的關係企業並非銀行信用評等A級的客戶時，銀行可能要求甲客戶臺灣總公司為其關係企業提出擔保。）

三、若甲客戶不願意為其關係企業提供保證，則必須確認客戶關係企業的知名度、信用度是否夠高？

變通方案3和4的思考點：

同樣地，也可由友尚端來思考變通方案：比如友尚臺灣總公司先出貨給友尚在香港或大陸的關係企業，或者是經由友尚香港或大陸的關係企業直接進貨，再由友尚香港或大陸關係企業，對客戶香港或大陸的關係企業進行業務交易，如此一來，當然也就可以利用香港或大陸當地銀行的額度，申請應收帳款賣斷業務。

透過上述的交叉思考後，我們不難發現原來還有這麼多變通方案可以評估考量，不過，這只是以甲客戶和友尚雙方的臺灣總公司為主體來思考，若是換個角度，例如從雙方的香港關係企業，或是大陸關係企業為主體來思考，事實上，還可以有更多的變通方案。從圖八中，我們可以看到當額度極大化時共有九種方式（不含關係企業），至於可彈性組合運用的變通方式則不只九種，你看出來了嗎？

當然，臺灣、香港、中國大陸等不同市場之間的作業條件一定會有所差異，評估考量時，也應該將各地可能產生的保險手續費、行政往來文件作業時間、人力成本等因素一併列入比較，才能做出最適合的方案決策。

變通方案5的思考點：

利用友尚其他的關係企業。友尚臺灣總公司先將貨物出貨給友尚的其他關係企業，再由友尚的其他關係企業賣給客戶，然而因為友尚的其他關係企業股權並非友尚百分之百擁有，所以容易讓人產生關係人交易增多與業績灌水的疑慮，是最不得已的選擇，除非萬不得已，否則不建議採用。

最後，要再強調一次：「預防勝於治療」永遠是降低風險的最佳策略，健康如此，額度風險也是如此，所以事前先做好客戶額度的掌握、控管或是預先做好變通方案，才是主管降低風險最關鍵的上上策。

錯誤在哪裡？

「額度風險的控管」對業務部主管和財務部主管而言，都是責無旁貸的工作。以這事件來看，業務部主管犯了以下可能致命的錯誤：

一、未能事前確認額度，等到臨時才赫然發現沒額度！

二、不懂得應收帳款賣斷業務是屬於「一屋一賣」的性質！

所謂「一屋一賣」，也就是一家原廠、一位客戶只能鎖定一家銀行。比如說，銀行給X集團五億的額度，那看誰先去申請，誰就先取得，換言之，每個銀行給X集團的額度可能都不一樣，若A銀行所提供的X集團額度用罄，就必須去找B銀行申請，換言之，我若是把X集團的貨款賣給A銀行後，就不能再賣給B銀行，以避免未來X集團貨款給付時，無法分辨款項給付的對象。許多人因為不知道這個作業原則，以至於常常錯估客戶的額度。

三、太慢才發現額度不足，甚至有些貨都已經進來了，以致陷入進退兩難的局面。

反之，財政部主管也犯了兩個重大疏失，才會導致上述局面：

一、客戶額度一旦瀕臨財務部門的權限範圍警戒線時，就應該要及時提醒業務部門，並同時知會高階主管。但在這案例中，財務部門主管卻沒做到這一點。

二、財務部門主管雖然懂得應收帳款賣斷業務是屬於一屋一賣的原則，但卻沒能活用，也沒有教導業務同仁該如何活用。

面對額度問題的防範方案

一、財務部門應該在客戶額度還未逼近臨界點前，提前告知業務部門；相對地，業務部門也應該提供完備的客戶資料給財務部門，讓財務部門有最大的空間與銀行界談額度。

二、預先思考客戶額度不足時，務必要運用聯想力，思考有何變通的方法。

額度與毛利的權衡

針對額度問題，還有另一種情況也是業務員最常提出的要求：「客戶想要延長付款期限，可以嗎？」

通常在這情形下，我會關心或詢問業務員以下兩個問題：

一、你到底可以拿到多少額度？

二、你的毛利夠不夠？

為什麼這樣問，因為我想藉此提醒業務員：

- 如果額度不夠，根本就不用談。
- 即使額度夠，但毛利不夠的話，也不能同意客戶延長付款期限的要求。
- 切記，「額度」和「毛利」這兩個條件是息息相關的，必須同時都足夠，才能進一步考慮客戶延長付款期的要求。

那麼，是不是當額度、毛利都足夠的情況下，客戶提出延長付款期的要求就完全沒問題呢？

當然不是！在「風險第一，利潤第二」的原則下，儘管在這種情況可以避開風險問題，但卻會衍生利息負擔，讓公司利潤變少。所以，還是需要先進一步考量下列三件事後，再依所有評估條件做出你的正確決策：

一、付款條件是否可以彈性放長？
即將這次客戶提出的需求以個案方式處理，若相關條件都沒問題的話，或許可針對這批貨或某段時間內的交易考量，千萬避免因為此次提供給客戶的方便，反而形成與該客戶交易的固定條件。

二、放長多久才適當？

三、你的底線為何？

關鍵思維：如果這是我的錢，我要借他嗎？

如果一時之間，對以上有關信用額度各項要點的掌握，尚無十足把握，不妨回歸原點，捫心自問：如果你自己是老闆的話，你的錢是否願意借給這位客戶？

這是最簡單的思維，卻也是最直接的核心關鍵：當你將這筆錢視為己出時，你的許多決策也將隨之更為縝密與慎重，甚至也會設法多方打聽這位客戶的狀況，以確保你的這筆錢不會有去無回。擴大來看，這就是對於額度風險控管的思維，所以，只要以同理心來想，就不難掌握到額度風險的關鍵。

主管充電站

一、協助業務員了解客戶信用

透過拜訪或蒐集外界資訊，以協助業務員了解其客戶的狀況，畢竟有些資訊是要透過你的職務高度與敏感度才比較容易取得。特別是新客戶，更應該主動、積極對其有所了解，才能在第一時間點掌握客戶的動向與需求，指導業務員做出正確的決策。

二、建立業務員面對額度不足的正確心態

多數業務員一旦面臨額度不足，往往不會深入思考該如何進行下一步的動作，只是單純地想放棄訂單而已，此時，主管如果沒能確實輔導業務員該如何做、如何想，結果業務抱怨額度不夠無法達到目標，產品經理也抱怨業務員預測後不拿貨，甚至客戶也抱怨業務員（或公司）不負責任，一個原本很好的機會，因為處置失當，很可能就會流於三輸的局面。所以，身為主管一定要以身作則，並時時叮嚀業務同仁：接單前，務必做到「提前規劃」、「提早申請」、「預先轉移目標客戶（也就是說必須事先將貨做相關安排）」。

三、必須對評估各客戶風險額度最基本的問題有所掌握

像是：銀行已給該客戶多少額度？公司自己要承擔多少風險？目前已經使用多少額度？還剩下多少額度可用？如果身為主管的你連這幾個問號都不甚清楚的話，就表

示你只知道業績後面需要多少額度，卻未能全面掌握客戶額度風險的狀況，又如何帶業務團隊、協助業務員？

當然，我們還能從更多面向來觀察或評估客戶的信用，在此無法盡其全書。大原則是，只要主管能設身處地想：當業務員額度不足提出申請時，如果我是財務主管的話，我希望看到業務員提出什麼樣的資料來說服自己？那應該就八九不離十了。

四、當客戶的額度突然被縮減時，應領軍沉著應對

當客戶的銀行額度被縮減時，業務主管必須帶著團隊有層次地處理、演練後續執行步驟，不能一接到銀行通知就馬上告訴客戶：「你的額度變成零！」或是任由業務員自行面對、處理。

五、簽核到「額度」相關的表單時，身為主管的你應該如何看待？

當客戶「信用額度」有問題時，你在簽核相關單據時，會不會先聯想到：

- 若是不准交貨的話，會不會讓公司產生死貨？
- 萬一有產生死貨的風險，是否該策略性准予交貨？又會產生什麼樣的影響？
- 是否該盡速通知產品經理針對預定貨的問題做出因應？
- 是否該盡快和財務部協調未來額度的問題？

總之，面對簽核單不要只當作一張單據來看待，認為只要解決眼前這張單據的問題就算了，還必須同時聯想到後續相關的問題，並及早處理。

第三章

建立訂單的注意事項

早年臺灣許多中小企業都是所謂的皮箱客，帶著自家公司製造的產品，就開始跑天下，努力賣到全世界。襪子A公司也是這樣起家的：要求品質、信守承諾。

某天，公司傳進美國大廠的一張大單，A公司上上下下高興不已，盡速努力加班生產。五天後，美國大廠又來張傳真，表示訂單的數量下錯了，要求減少訂單數量。

A公司員工像洩了氣的皮球般，連聲抱怨白忙一場。老闆則想到同業B三天前向他大吐苦水，說有客戶突然加大訂單，搞得工廠所有員工連夜加班趕工，都快累出病來了，還是趕不及，恐怕會交不出貨來。A公司老闆於是馬上打電話給同業B，那名同業接到老闆的來電，喜出望外，連聲道謝，並以更好的價格收購。解決難題後，老闆才回信給美國大廠，表示收到修改數量的訂單需求，願意按照他們需求處理。

三個月後，美國大廠再次下了張大單，不同的是：這次美國大廠將貨款隨訂單同時匯了過來。A公司準時出貨的同時，老闆再次仔細換算費用，發現美國大廠給錯了款項金額。「不是少給，而是多給了兩倍！」老闆立刻去電美國公司，和承辦人員確認後，才知道真的是美國大廠的疏失。於是，老闆毫不考慮地將多餘的款項退回去。

一年後，工廠門口出現了一輛黑色轎車，左鄰右舍都說有個金髮先生和經濟部長來拜訪老闆。到底是怎樣的大人物，可以有這樣的本事和長官一起來訪？而這樣的大人物又為什麼會來拜訪在鄉下的小工廠呢？

原來，這位金髮先生，就是美國最大賣場沃爾瑪（Wal-Mart）的負責人，他到臺灣一下飛機，便向經濟部長要求想要探訪位在彰化社頭的A襪子公司老闆。他表示，除了想當面感謝這位襪子老闆外，還要親自和A公司簽訂未來十年的訂單。

正確的接單態度，贏得口碑與未來

這是發生在朋友長輩企業的真實故事。仔細分析老闆對於「建立訂單」前後的服務精神，我們不難發現有下列幾點值得我們學習之處：

- 自我要求：接單後，都能自我要求品質，信守承諾，並準時交貨。

- 不因單小而不為：老闆對於訂單不分大小，都盡心盡力去達成客戶的需要。
- 誠信：接下訂單就是承諾的開始，當客戶給錯了款項，很多人大概會睜隻眼閉隻眼地收下，但是老闆卻反而主動聯絡客戶，並精確計算應得的款項後，將多匯進來的款項都退回給客戶。
- 危機處理：接單是責任的開始也是麻煩的開始；當客戶突然要修改訂單數量與日期時，你會如何因應？抱怨、失志，還是像老闆般冷靜以對，審慎評估替代方案之後，還願意在不影響公司利益的前提下，給客戶方便。
- 勇於面對問題：不逃避問題，才能提前做出因應之道，更何況，有時在危機的背後，往往就是轉機。

原本看似總是在吃虧的老闆，卻因為他面對訂單的正確心態和因應得宜，不但化危機為轉機，創造客戶、臺灣、公司三贏的局面，讓自己獲得更大利益的同時，也讓他贏得了客戶的信任和未來長期的訂單。

接訂單是一個落實目標的過程

誠如前面章節所強調的：報價是一種承諾。那麼，「訂單」應該就可以視為個人和公司信譽的合約，在透過承諾接下訂單之後，業務員就必須設法完成訂單中經過彼此約定的交貨、收款等內容，讓交易順利完成，也讓自己順利完成業務員的職責，贏得客戶和主管的信任。

因此，業務員必須在接單前，學習如何以正確的態度，不厭其煩地注意、推敲各種細節問題；接單後，則必須勇於面對各種挑戰，負責到底，為客戶及公司設想到各種可能發生的狀況，盡可能及早規劃準備、保持彈性，以誠信贏取客戶的長期關係。

換言之，接訂單是一個落實目標的過程！當你接到客戶的訂單後，才是「責任的開始」，更需要注意很多細節問題，分別說明如下。

關於訂單的思考

一、突如其來的訂單

如果你突然接到一張大單（或長單），或平常很少交易的客戶（也許是難纏的客戶）突然下單給你，不要光是高興，還必須提高警覺、仔細剖析：

- 是否市場有變化？競爭者交貨是否有問題或有價格調漲的訊息？
- 客戶信用是否有變化，導致其他原廠限額供應？
- 訂單數量增加是因為客戶生產數量增加，或者採購分配的比率增加了？如果是「採購分配比率調整」方面的問題，則必須更進一步探究其原因。
- 價格是否報得太低，是否還有調整空間？（比如，局部數量照已經報出去的價格承諾，但是對於多出的數量是否可考慮重新報價？）

二、不要忽略小單

如果你接到一張小訂單，也不可因為單小而懶得理睬客戶，或是放棄。切記：所有大單都是從小單開始的。

就像大家都很熟悉的蘋果（Apple）、惠普（HP）等許多廠商都是從車庫發跡起家的，所以客戶不論大小，不論下單與否，只要前來索取樣品，都應該要用心經營與積極回應。畢竟，環境會變，客戶的條件也可能會改變，切勿因為小單、樣品或是不認識的新客戶詢問，就草草處理，忽略了該客戶未來可能的發展潛力，因為，經營客戶與接訂單都必須靠長期誠信的耕耘和累積，才能開展出豐碩的成績。

下次，當你接到小單時，不妨仔細剖析一下小單背後可能透露的訊息：

- 小單若是來自於大公司：很有可能是後續訂單的前奏與測試，絕對要緊緊抓住機會。

● 小單若是來自於小公司：就必須更仔細分析相關數據與資料，比方說主事者的過去經歷背景和個人信用、該產品的市場潛力與未來性、該公司成立的時間、屬於研究單位或學術機構等，以檢視其未來的發展潛力，並可依此決定你與此客戶互動的節奏和策略。

三、事前取得授權

當你接到客戶詢問，並準備前去拜訪時，一定要先向產品經理取得授權，心中有個底價後，才能在面對客戶時，更靈活彈性地投出變化球。切忌莽莽撞撞就衝到客戶處，才一問三不知，客戶提一個問題，就回來請示一個問題，每次問、每事問，心中毫無主張，來來回回還無法和客戶達成一定的共識，不但訪談無效，也讓客戶覺得你是無法作主的業務員，當然就更遑論可以順利切入接單階段。

檢視訂單的要點

一、明辨客戶的信用額度

接訂單前，設法了解客戶的信用額度是十分重要的一件事，特別是新客戶。但是要如何才能明確評量出客戶的信用額度？從客戶氣派的辦公室或是亮麗耀眼的廠房來判定嗎？當然不是，你可以從以下幾點來評估：

- 客戶基本資料：如設立歷史、實收資本額、員工人數、經營者團隊背景包括過去經歷／外界評價等。
- 財報資料：如最近三年營業額、最近三年獲利狀況、大股東成份和持股比例、銀行授信額度、公司淨值、財務報告等。
- 其他資料：如客戶的主要客戶名單、其他廠商信用額度、不動產狀況、大股東背景（包括過去信用／過去經歷／財力背景）等。

- 過去的交易資料：如果是曾有往來的客戶，可以參考過去的付款狀況與票期長短。

身為業務員，絕對不可單從外表來評鑑客戶的好壞。比如說，有些公司把廠房搭建得十分富麗堂皇，但背後的資金卻全是借貸而來的；反觀，有些公司的廠房或許看起來儉樸、不起眼，甚至空間是用租的，但仔細觀察卻發現這家公司把錢都投資在添購最先進的儀器設備等生財機具上。所以，一定要多花點心思去深入了解客戶的財務運用與理財觀念，重視客戶財務槓桿的操作，究竟是好大喜功，把錢花在不該花的地方？或是務實地將錢投資在必要的花費上？如此才能明確評斷出客戶合理的信用額度，而不會被虛空的外表所迷惑。

二、使用額度會不會超過

接單前，一定要先核算加入該訂單後，額度的變化情形，以決定是否接受。

三、分配的比率及風險觀念

這部分我們可以從以下兩個角度來檢視，我們該如何應對：

- **當訂單進來時**：要注意你的訂單占客戶所有採購量的比率有多少？是否還有其他原廠會同時供貨？如果你的訂單是客戶採購量的百分之百的話，那就應該更慎重處理，否則一旦供貨不及，讓客戶生產線停擺，後果將是非常嚴重的。
- **在爭取訂單時**：應該說服自己和客戶，為了長久的供應關係及安全的保障，即使你所提供的價格並非最低，也應該可以從風險的觀

圖九　核算加入新訂單後的額度變化

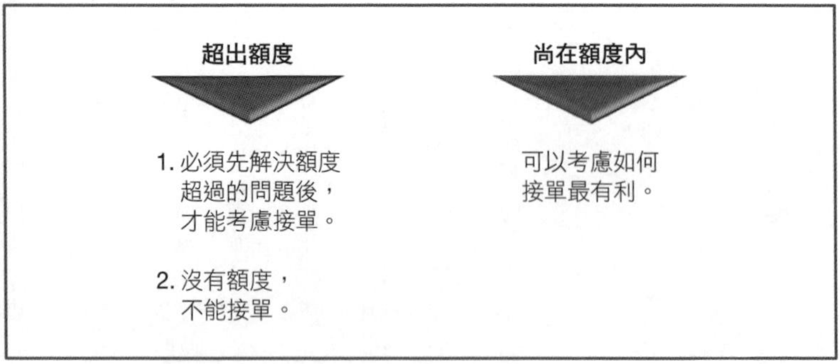
超出額度
1. 必須先解決額度超過的問題後，才能考慮接單。
2. 沒有額度，不能接單。
尚在額度內
可以考慮如何接單最有利。

點，請客戶分配某一比率的訂單給你。畢竟，價格高低只會影響到客戶分配的比率而已，而不應該是「〇%」與「一〇〇%」的差別。

四、注意訂貨項目的共通性問題

如果客戶的訂貨項目共通性不高時，尤其是屬於特殊品項時，應該：

- 必須先上電腦查詢該項目共通性的程度。（一般半導體零組件通路商都會將所有代理品項，根據客戶使用的普及程度標註產品共通性代號。）
- 查閱電腦系統後，還必須很慎重地與產品經理或主管討論可能的變化。
- 必要時，還需要請客戶給付訂金，或先開信用狀，或在合約上加註「訂單不可取消」等條款。

五、務必加上作業需求或可能風險的緩衝時間

拿到訂單後，第二件事便是與產品經理確認交期，最好還能以書面形式請產品經理簽認，之後，你必須還要再加上「緩衝時間」（比如物流可能的作業時間、原廠可能延遲出貨的風險時間等），以較有「彈性」的方式告訴客戶交貨期，最好不要拍胸脯保證，在這裡是絕對不需要阿莎力的。

六、預先與客戶討論交貨期的彈性

亦即事前和客戶討論出「最壞狀況下可接受的交期」，這是因為多數客戶為了方便起見，通常會將全部的數量只放一個交貨期，但實際作業上，是可以依據客戶的生產排程分批交貨，既不會影響客戶的生產計畫，也能讓我們擁有更多彈性運作的空間，所以，如果可以的話，務必要先與客戶討論出交貨期的彈性，以便做應變之用。

七、訂單處理一定要通知到對方，並留下完整簽確紀錄

當你不能接受該訂單價格或交貨期時，絕對要以書面方式通知客戶，讓客戶有充裕的時間應變，而且一定要親自確認到客戶回應之後，才算盡到告知責任。千萬不可置之不理，不予回應，或是僅以電子郵件告知客戶，不見對方回覆也沒繼續追蹤、確認，等到客戶要求交貨的時間快到了，才來與客戶爭論對錯，都為時已晚。

如果客戶可以接受經你修正後的價格和交貨期的話，則務必要請客戶再重新發出一張「修改訂單」的確認，以免日後產生爭議。換言之，業務員對訂單來往的過程或修改紀錄，都應留下完整簽確的書面資料，這是一種專業，也是一份對客戶和自己的保障。

八、局部接單或附帶條件式接單

如果訂單上的交貨期太過勉強，寧可只接部分訂單。你可以從數量上、項目上減少，或是採行附帶條件式的接單方式，例如：

- 幫客戶鍵入訂單時，先等原廠確認後，再重新確認數量。
- 請客戶允許在某個交貨期間或某個數量範圍內彈性交貨。

九、注意組合式訂單

面對組合式（Kit Form）訂單（包含數樣元件所組合而成的產品訂單）時，應該要先確認你接到的組合式訂單是下列哪一種模式，再來思考你接單的策略：

1.完全由你供應的組合式訂單：如果該項產品的所有元件供應均由你的公司負責，那麼就可以由你完全掌控，這樣的訂單比較沒有問題，接單後，你只需要注意到各項元件的庫存和交貨期是否可以搭配，以因應客戶訂單需求即可。

2.部分元件由你供應的組合式訂單：

你拿到的訂單上，其所包含的元件項目僅是客戶產品所需元件的一部分而已，比方說，客戶該產品需要十項元件組成，其中五項元件的訂單給你，另外五項元件的訂單在其他廠商手中。這時，你除了要檢視自己所負責的部分元件交期是否可以符合客戶需求外，還需要進一步思考幾個問題：

- 這十項元件目前市場供貨情況如何？是否有某一項關鍵性元件缺貨？如果有的話，你還要接單嗎？
- 當客戶下單需求每月十萬個的量，可是你明明知道其中有某些其他元件絕對無法每月供量至十萬個時，你是否要接這麼多量？還是和客戶協商調整？
- 你的單會不會受到其他原廠交貨狀況牽連？會不會因為其他原廠的延遲出貨，而影響到公司？

換言之，只拿到部分元件的訂單比較容易空歡喜一場，因為主控權有限，所以，你還必須將其他人的交貨期一起考量在內，才能盡可能避免受他人拖累。

十、注意訂單上的罰則

有些訂單註明延遲一天交貨罰千分之幾，但並無上限，萬一原廠不繼續生產或是長久交不出貨來的話，那麼光是這一條罰則，就可能變成把全部貨款賠進去都不夠，所以，這類的訂單萬萬得當心。

最好的做法是，當業務員看到合約中如果有罰款條文在內的話，一定要先與主管研究後才決定如何接單，同時也要注意罰款總額一定要在合理可承擔範圍內才行。

十一、必須先和系統、產品經理確認後才能接單

很多業務員為了一時方便，常會依照過去習慣就直接和客戶確認、拿單，事後才告知產品經理，這樣的作業流程很容易會產生資訊上的落差，導致交貨不順暢。所以，務必要以審慎的態度面對接單這件事，在接單之前，就必須核實確認許多關鍵資料，比如交期、庫存狀況、價錢、市場最新訊息或是近期可能的變動等。為了避免因為市場變化

過於迅速，產生認知與實際狀況的落差，你在接單之前，除了先查閱公司系統資訊外，還應該再和產品經理雙重確認無誤後才接單，這會是比較穩當的做法。

十二、收到訂金與支票，不代表萬事順利

一般業務員常犯的迷思：以為收到訂金或支票就絕對萬無一失！事實未必如此，甚至有時還可能因此吃上官司，所以在預收訂金和支票時必須注意下列兩點：

1.必須同時取得註明用途及相關承諾的具體文件

比如說，公司規定，針對特殊產品訂單時，要先向客戶收三成訂金，而客戶也確實開了張三十萬（約三成金額）的支票給你，但後來卻無法兌現，為什麼？

原來，平常客戶和你已有其他的貨款在交流中，而收回來這張三十萬支票本身是無法備註款項明細或是用法，也就是說客戶雖然依公司規定開了等同訂金金額的支票給你，但卻沒有同時簽訂合約書、備忘錄、協議書等相關說明文件，指明這筆支票是支

付哪一項特殊產品或訂單的訂金，甚至也沒特別標示出在哪種情況下，允許你軋入支票（訂金）。一旦遇到交易變卦產生爭議時，客戶若是主張那三十萬支票是為了支付某筆正在進行的貨款，在缺乏註明原支票用途及相關承諾的具體文件佐證下，你就會陷入「啞巴吃黃蓮，有理說不清」的情況。

2.未完整填寫的支票不能收

有時，客戶開了一張未填寫日期的支票作為訂金或訂單履行的保證，讓你自己去填，表面上看起來客戶似乎很信任你、也很大方，給了你一張「空白日期的支票」，但事實是：這張票根本不能用，一旦訂單生變，就算你是依當日雙方的協議，填上日期軋入支票，客戶還是可以反告你偽造文書，不認那筆款項。

切記：拿到空白日期的支票最危險，充其量你只是幫對方保管那張支票，完全無法使用，甚至丟掉還要負責任。訂金也一樣，可以被拿來沖銷其他貨款，所以說，收到訂金與支票並不代表萬事順利，一定要同時簽訂合約書、備忘錄、協議書等備註款項用途或相關協議明細的文件，可以在訂單一旦生變或有狀況時，確實可以兌現款項的支票，才真的叫做「訂金」。

案例：接受與拒絕之間的智慧

場景一：文雄的嘀咕

文雄正在凝視著傳真機吐出一張客戶的訂單，心想這個月的業績目標應該可以順利達到，因為從原廠的網站上，已經查到交貨期應可符合客戶的要求，於是喜孜孜地跑去和產品經理討論如何回覆客戶。

產品經理眉頭深鎖，搖搖頭拒絕了文雄的訂單，並向文雄解釋為什麼不能接這張訂單。可是，文雄什麼都聽不進去，脫口而出說：「我是業務員，已經盡到責任將訂單接到手，而你是產品經理，就有義務將貨準備好交到客戶手上。」

此時產品經理回應道：「很抱歉，這個忙我無能為力，因為長年合作的A公司已經預定了這批貨，到時候將無法符合你的交貨期，所以不能接受這張訂單。」雙方僵持不下，最後，文雄心裡嘀咕著：「產品經理有什麼了不起？」然後氣沖沖地回到座位上，打電話給客戶解釋訂單將取消的緣由。同樣地，產品經理也很不舒服地心想：「業務員接訂單前應該先問清楚，怎麼可以怪我呢？」

產品經理與文雄自此心存芥蒂，無法平心靜氣地針對產品交換新的訊息和情報，長期溝通不良的結果，導致在爭取客戶訂單效益上產生諸多不順，甚至影響彼此業績的開展。

場景二：安妮的無奈

安妮剛從客戶那裡趕回公司，拖著疲累的身軀向主管報告已完成的任務：她費盡口舌，終於讓客戶體諒她無法接下此筆將近百萬的訂單的苦衷。

安妮和客戶關係良好，服務也讓客戶相當滿意，因此，只要生意上有需求，安妮的公司又有代理該產品的話，客戶都會交給安妮負責。最近，安妮的公司新增了一條代理線，客戶知道後，就想將此筆原先由其他代理商負責的百萬訂單交給安妮，但附加了一個但書，就是價格必須和其他代理商一樣。

安妮與產品經理討論後，她同意並體諒產品經理的解釋與決定：「原來，該客戶是在原廠劃分給另外一家代理商服務的範疇之內，而且公司拿到的成本比客戶要求的價格還要高。」再加上，這項產品屬於特殊品項，即使產品經理利用其他客戶去向原廠爭取特殊價格，也一定會被拒絕，或是原廠會要求前往拜訪客戶，到時候，後果反而得不償失，因此，安妮只好忍痛回絕客戶的好意。

安妮對於產品經理提供詳盡的專業判斷與分析，深感佩服。產品經理對於安妮願意相信他專業上的判斷，把已經上門的業績往外推，留下了深刻的印象，認定安妮是位有才幹和發展潛力的業務員。於是在良好默契下，兩人合作無間，幫公司爭取到許多有利的合約，成為公司中的金牌搭檔。

和產品經理維持良好互動，為接單風險增加一道安全鎖

一、業務員在接單前，一定要和產品經理清楚確認、溝通之後，再考慮是否（可否）接單，才不會經常發生已經承諾客戶，卻無法兌現的狀況，或是接單後狀況百出的情形，反而影響到自己在客戶端和主管心目中的信用。

二、積極搶訂單之餘，業務員應該了解：客戶為什麼要將原先配合好好地代理商訂單轉交給你？畢竟，商場上爾虞我詐的情形層出不窮，盲目接單，不僅容易造成原廠與客戶對公司的誤解，也會造成公司內部困擾。

三、身為代理商，每一條產品線的特性，都視原廠負責窗口的作業方式而有所不同，因此，業務員不能用一套標準去看每一條產品線的經營模式。接單前，絕對需要與負責每一條產品線的產品經理充分溝通並取得共識。

接單該有的態度

一、勿因掉單而氣餒

客戶的情況會變，條件也會改變，千萬不要因為沒有接到訂單而氣餒。萬一掉單時，應該再次探詢客戶的需要，試著了解到底問題在哪裡？認知的落差在哪裡？畢竟，客戶和生意的經營一樣，重視的是永續、長期的承諾和信任，絕不可以因為一次的掉單就喪志、放棄這個客戶或案子，應該不斷地再接再厲，建立好關係，想辦法在下一次的機會中，爭取較好的採購分配比率。

二、事先做好心理準備

接到客戶訂單當然是值得高興的事，但是同時也必須要「負面思考，做最壞結果的盤算」，預先做好可能的因應策略，再做出照單全收或局部，甚至放棄訂單或條件式接單的決定。正所謂「No order no trouble; More order more trouble」，接單不僅是責任的開始，也是麻煩的開始。

無可諱言，每筆訂單可能都有不可預知的風險存在，就算你已經鉅細靡遺地留心、推敲各種細節問題，但仍有可能發生「萬一」的情形，因此業務員面對接單，必須要打心眼裡建立自己下列三項觀念，才能在面對問題時，真正展現出負責任的態度：

- 提醒自己：所有訂單的執行大部分都不會如此順暢，難免會產生變化或異動，所以在心理上應做好「訂單可能會出問題是正常的」準備。
- 告訴自己：一旦訂單出問題，絕對不能逃避或迂迴應付，一定要讓客戶感受到你積極負責和解決問題的誠意。
- 激勵自己：萬一訂單出問題，才有機會接觸到客戶端更高階的關係，這可能也正是自己表現的機會，因此只要積極、正面以對，這些都可以轉換、累積成為自己未來厚實的人脈關係。

三、面對問題絕對不可逃避，必須提前做出決定

當你面臨交貨不順利時，千萬「不可逃避」，必須「面對問題」：

- 面對原廠端：確實地與產品經理和原廠討論出最佳交貨期。
- 面對客戶端：表現「誠意」與「負責的態度」和客戶協商，並取得諒解。

如果交貨期實在無法吻合或是有太多不確定因素的話，必要時，也應該請客戶取消訂單，同時請產品經理也對原廠取消訂單，務必要「提前做出決定」，避免日後問題愈滾愈大，增加解決上的困難，也千萬別掩蓋起來，一味地拖，等到貨真的進來時，客戶可能已經不要了，反而造成呆料。如果客戶可以接受新的交貨期，最好請客戶重新「書面確認」，避免日後再有爭論。

四、負責任的態度

很多業務員以為只要接到訂單，達到業績，業務責任就完成了。事實不然，完整的接訂單作業還必須包括交貨、收款，甚至要到庫存拋完。

我們常說：「接單是開始，收款才是師傅」、「會賣東西是學徒，會收款才是師傅。」換言之，假如有發生問題，身為業務員的你絕對有責任要去解決，設法讓整個交易可以順利往下進行並盡可能完成原先訂單目標，所以說，接訂單後才是責任的開始，也是頭痛的開始。

五、業務員和產品經理是患難與共的生命共同體

就算最壞的狀況發生，造成客戶取消訂單時，業務員也必須負起責任，想盡辦法努力把自己訂貨的數量推銷出去，不可心存「這是產品經理不能準時交貨所導致的緣故，責任不在我」等觀念，需知業務員和產品經理是「患難與共」的「生命共同體」，

圖十　正確的接單態度——產品經理與業務員的責任

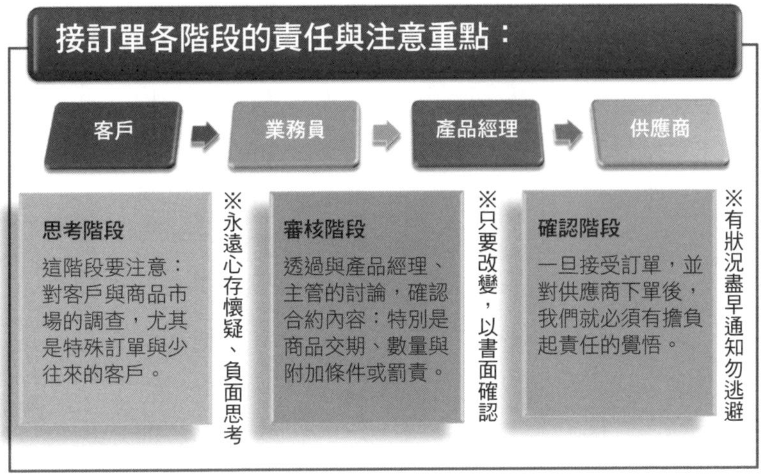
接訂單各階段的責任與注意重點：
客戶
業務員
產品經理
供應商
思考階段
這階段要注意：對客戶與商品市場的調查，尤其是特殊訂單與少往來的客戶。
※永遠心存懷疑、負面思考
審核階段
透過與產品經理、主管的討論，確認合約內容：特別是商品交期、數量與附加條件或罰責。
※只要改變，以書面確認
確認階段
一旦接受訂單，並對供應商下單後，我們就必須有擔負起責任的覺悟。
※有狀況盡早通知勿逃避

不必為了爭是誰的責任而傷感情，如果你太過於抱怨產品經理交貨期抓不準，那麼產品經理大可下次加長緩衝時間以保護自己，造成你下次難以接單的情形，最終，業務員和產品經理彼此都損失了業績。總之，既然問題已經發生，「研究如何解決問題」遠比「爭論誰是誰非」來得重要百倍。

案例：用心敲開門，澳洲來的也會是貴客

據了解，A客戶是香港排名前十大的知名企業，歷史悠久，業務發展橫跨不同產業，產品線達一千多條，市場觸角也深

入大陸，除了在香港的四、五位採購之外，派駐在大陸的採購也有四、五位之多。然而，這位大咖客戶對業務團隊來說，卻像燙手山芋，人人都避之唯恐不及，因為大家都知道：A客戶不但規矩多，很麻煩，而且那些採購個個脾氣都很壞，實在很難搞。

於是有了一條不成文的默契：以三個月為期，每位業務員都要輪流上場，負責維繫這家客戶的關係和八十萬元左右的業績。這一天，終於輪到最後一棒的Y君上場了！

寧願開發新客戶，也不想接A客戶

當時，Y君很不情願，因為，某次業務會議進行中，A客戶採購突然打電話進來，負責的同事才剛接起電話，劈哩啪啦的粗話就飆到現場每個人都聽到了。於是，Y君與主管商量：「可不可以換其他人，我會另外再找一到兩家新客戶，業績保證不會少於八十萬元，可以嗎？」Y君想用業績交換法，試圖躲過這次的A任務，卻被主管堅定地拒絕：「不行！輪到你就是你的責任。」

於是，Y君只好硬著頭皮上陣，並從競爭對手和客戶的生意量開始分析彼此交易的差距，經過重新檢視、進一步了解後，他發現要突破業務瓶頸最大的關鍵還是採購，為了讓這些資深的採購能夠認同自己，他決定耐心地從日常互動中開始磨合彼此關係。

說是容易，做到讓對方認同卻很難。有次，Y君因為父親住院開刀，請假回到老家，卻在醫院接到A客戶打來罵人的電話，對方不分青紅皂白的口氣，也把Y君惹火，掛了對方電話。

雖然如此，Y君還是立刻追查，原來是因為原廠出貨延遲，交期比預定時間晚了兩天，了解狀況後的Y君更進一步聯絡原廠，協調用分批交貨的模式以暫時滿足A客戶的生產需求。找到解決方案之後，再回電給A客戶的採購主管甲君。

Y君開頭第一句就先向甲君道歉：「對不起，剛剛不好意思，我語氣也太重了。」接著才向他報告現在因應的處理方案，最後則告訴他自己的行程，什麼時候會回到香港，並強調雖然目前休假在醫院照顧父親，但一定會幫他盯住這件事情等等。相對地，當採購甲君一聽到Y君說對不起時，他的口氣也軟下來了。

不打不相識，就是不能逃避

於是在Y君的積極協調下，將原先預計延遲十天的貨期縮短到五天就全部交貨完畢，這期間的點點滴滴，A客戶的採購主管甲君也全都點滴在心頭，雖然整件事並不算完美，但客戶確實感受到Y君是真的「有心」幫忙，而不是「無心」應付而已。他們肯定Y君的態度，豎起大拇指說：「你不但沒有逃避，還很積極面對，與多數業務很不一樣。」

其實，這次原廠班機延遲的問題，也讓Y君心煩不已，還一直被客戶罵，但是回頭想一想，雙方都是為了公司，所以，很多事情不能任意敷衍了事，愈是想逃避愈糟糕，更不能欺騙，只要騙過一次就很麻煩了。於是，通盤掌握後，Y君將所有情況都如實告訴甲君，有任何狀況，也馬上幫客戶處理，他說：「最終大家要的也只是求一個結果而已。」

其實，這次事件發生之初，A客戶曾強烈要求公司賠償，Y君立刻告訴對方：「我們公司沒有這規矩，因為問題出在原廠，如果你真的很為難的話，下次你多給些訂單，我盡量向公司爭取一些折扣。」事後，A客戶雖未再因這次事件提出任何求償，但是，Y君卻沒忘記自己曾說過的話。

正是這樣的信念和態度敲開了A客戶「心的大門」，建立起關係之後，很多事也就迎刃而解，這兩年多來，不但業績成長了兩到三倍，後來，還主動提供物料清單表（BOM）給Y君參考，這位很麻煩又很難對付的A咖客戶，也成了Y君十大貴客之一。

Y君的成功之道

爭取訂單前：

一、知己知彼：仔細分析、重新檢視，設法找到業務決定權與關鍵影響力的突破口。

二、耐心磨合、奠定信任基石：做事不能只是為了想讓對方下單，我們每一次溝通或講電話，都應該懷有美意，要真正用心讓對方感受到我們的情誼，將我當做他的朋友。

接單之後：

一、第一時間面對問題，避免不當情緒發散，以問題處理為優先。

二、以同理心面對客戶問題，在取得客戶理解，同意延遲十天交貨方案後，仍積極努力協調，將交貨期縮短為五天。

三、不卑不亢地面對客戶提出的求償，不但在第一時間回應得宜，日後更用行動取得客戶的認同與信賴。

四、說話算話，對客戶說過的話，絕對不輕諾寡信，馬虎行事。

接單後的責任

一、注意交期的演變，及時通知客戶

通常產品經理給的交期是根據原廠的交期或產品經理自己的預測，其間的變化受到很多因素的影響，諸如良率問題、其他大客戶臨時插單、市場需求突然變化、價格因素影響優先順序等等，只要貨物未進入倉庫之前，隨時都有可能會發生變數。

所以，業務員一定要「隨時從產品經理或系統中注意交期的演變」，如果有任何變化，應即時通知客戶，讓客戶有足夠的時間調整應變，切勿等到最後一秒鐘，讓事情陷入難以收拾的困境中。

二、做好最壞的打算，預擬應變備案

接單前，業務員一定要預先想到最壞的情況該如何解決。比如說，不認訂單、不拿貨、貨拉走了卻不付款、延遲交貨要受罰、故意製造瑕疵退貨等狀況時，你要怎麼防範？你的應變備案又是什麼？

這一點非常重要，因為唯有事前想清楚最壞的狀況是什麼，你才可能做出較好的接單決策，比如說，萬一客戶取消訂單或原廠交貨期延誤時，可能造成太大的損失風險而不值得冒險時，你就要重新思考如何接受此訂單，或者考慮局部放棄某部分（數量或項目減少）訂單。

三、客戶重複下單的可能與因應

在供應吃緊的情況下，客戶往往會重覆下單或過量下單，但是等到所有原廠開始交貨時，就開始找理由取消訂單或減少數量。所以，當你決定向產品經理（原廠）下訂單時，就必須事先考慮此種因素，預做準備，保留可以向原廠取消的退路。

四、不要讓客戶有「二次延遲」的印象

萬一交貨期延遲了，不要因為怕客戶生氣，就輕易誤觸「二次延遲」的禁忌。換言之，原本約定的交貨期若有變數，不得不往後修正、延期交貨時，務必要先和產品經理溝通清楚，同時再多保留一些緩衝的時間，盡可能讓自己這次所提出的交貨期是確實可執行的，讓客戶確實可以在你第二次修改的日期如期取貨。即使還需要一個月，甚或更久，都必須誠懇說明取得諒解，避免造成「二次延遲」，讓信用掃地。

比如說，原訂十月十五日的交貨期可能要延到十月三十日，但是為了怕延遲太久讓

客戶不高興，你反而以「十月二十日就可以交貨」的話先應付客戶，之後，想當然耳，勢必還需要再次修正交貨期，而讓客戶產生「二次延遲」的印象，甚至三次延遲、四次延遲……，狼來了說太多次，反讓客戶對你所說的話大打折扣，以後也不會再信任你。

其實，以這個例子來看，對客戶再次承諾較為保險的交貨期應該是十一月五日。因為正確的做法是：多預留一些可能風險的緩衝時間，而不是刪除緩衝時間，甚至還以明知不可行的時間打馬虎眼。

當然，即使已經以誠懇的態度取得客戶諒解，也不代表你對交期就可以沒有責任了，你還是應該努力透過調貨、幫客戶找貨等方法，盡量將交貨期往前提，讓客戶驚喜並切實感受到你對他的盡心盡力，這也會讓你往後的業務工作更加順利。

五、缺貨時的確認要點

當我們排長單出去給原廠的時候，原廠如果對我們排程中的數量與交期有部分無法做出確認時，就有可能會產生缺貨的狀況，此時一定要在訂單執行過程中特別注意確認的作業。

1. **確認要點一：**當產品經理告知原廠確定無法在交期內供貨，會產生缺貨時，業務員應該要盡早通知客戶，讓客戶有心理準備，可以及早因應。同時也應該要和客戶確認：是否會因為此次缺貨，需要重新調整用量？比如減少需求量，或者取消訂單。同樣地，不論客戶決定如何，你也應該立刻通知產品經理。相對地，產品經理也應該在發生缺貨狀況時，盡可能及早主動地提醒業務員和客戶確認。

2. **確認要點二：**當我們排長單出去給原廠的時候，原廠如果對我們排程中的數量與交期有無法確認的時候，產品經理一定要不厭其煩地追蹤、確認，一旦原廠有無法如期交貨的情形發生時，更需要重新、仔細地檢視，看是否需要取消或將預定交貨的日期往後挪，避免缺貨現象解除時，連同前面缺貨期的量一併湧入，造成死貨、跌價，以及庫存的壓力。

案例：大單背後可能隱藏的訊息？

看到大客戶甲公司最近兩季的8G記憶體訂單（如下表），我覺得有點奇怪：為什麼採購量會從四月份的六千萬元，短時間內就放大到九月份的一億七千五百萬元？

我問負責記憶體的A君：「過去，我們記憶體在甲客戶的占比是多少？」

A君說：「大概六〇％左右。」

我接著問他：「為什麼他九月份的訂單會拉到這麼高？」A君認為，可能是甲客戶砍掉別家廠商的單子，轉到我們這兒來了。這看似理所當然的答案，立刻被我否決了，我告訴他理由。

- 從訂單數字上來分析：從六千萬拉高到一億七千五百萬，幾乎是成長了三倍。假設我們的占比是六〇％的話，就算將其

表五 甲公司最近兩季的訂單

月份	四月	五月	六月	七八	八月	九月
金額（美元）	六千萬	六千五百萬	七千萬	七千五百萬	九千萬	一億七千五百萬

他廠商的單子都砍掉轉給我們，也不可能超過一億。

- 從經營風險來分析：甲公司也不太可能將所有雞蛋全放在同一個籃子裡。A君能夠讓別家代理商的占比從四〇％降為三〇％或二五％就已經很了不起了，甲公司又怎會將其他廠商的單子全砍到零，這樣，萬一缺貨的話怎麼辦？

A君想一想說：「或許這樣做的話，他可以多獲取一些佣金回饋吧！」這又是過於理所當然的想法。我告訴A君：「佣金的回饋大概也只有一％到二％左右，但是記憶體的市場特性就是價格震盪很大，是有可能跌價的產品，萬一一億七千五百萬跌價一〇％的話，影響很大，甲公司怎麼會為了一％到二％的小利，冒這麼大跌價損失的風險？」所以這理由也不成立。

經過我的提醒後，A君開始慎重思考這張訂單可能隱含的意義：有可能是甲客戶要投入新機種開發嗎？有可能是因為甲客戶已經預測到後面記憶體將缺貨，擔心成本拉高，預先囤貨？還是記憶體市場規格將從4G轉換到8G？最後，A君決定親自拜訪甲客戶，了解真相及其未來的發展計畫。

事實上，客戶的不同用途對我們可以提供的服務也會有所影響，你如果能更清楚掌握的話，後續才可能配合客戶的節奏預做規劃和準備，甚至提供更多的資源和建議方案給客戶，深耕彼此的關係。

除此之外，當你看到這張訂單時，還應該聯想到許多公司內部必須配合的作業程序，比如說：

- 信用額度問題：原有的額度一定不夠，該如何因應？目前應收帳款賣斷業務的額度也不夠，該如何及早規劃、調度？
- 進貨資金的問題：過去只有六千萬到七千萬，突然增加為一億，進貨資金要從哪裡來？

這些也都是接單時就應該考慮到、並事先規劃好的相關作業，如果未能事先妥善安排，只沉浸在大單的喜悅中，後續這些行政作業或程序就可能會變成干擾你交貨的麻煩事。所以說，接訂單前必須不厭其煩地注意、推敲各種細節問題，先把功課做好，才不會成為後續執行時的絆腳石。

接單後的責任從仔細解讀訂單資訊開始

一、業務員必須對訂單的異常變化具有相當的敏感度。

二、不要用自己的觀點「理所當然地」解讀訂單，除了訂單上的條件限制與需求資訊之外，還應該仔細地檢視訂單背後所隱含的真相，推敲客戶可能的發展，並技巧性地向客戶求證，確實扮演好接單的責任。

三、必須事前考量到變化後所衍生的相關作業與程序問題，提早預做準備，讓接單、出貨作業更順暢。

正向面對接單問題，累積生命中的貴人

無可諱言，接單絕對是責任的開始，也是麻煩的開始，但是，換個面向來看，只要你預先思考周密並做好可能的因應策略，積極面對，它也可以是豐碩而有成就感的過程。

過去，我當業務員的時候，就曾經發生原廠缺貨無法如期交貨的困境，客戶每天急催，我一方面天天和原廠溝通，另一方面也誠意地向客戶道歉，但仍然無法達成目標，後來客戶終於發火，認為我沒有努力為他解決問題。

為了表示我的誠懇與證明我確實已經盡力在處理了，我帶著過去數週來，為了本案和國外原廠不斷溝通往來的電報資料（那個年代還沒有電子郵件等數位工具），前去拜訪客戶。

客戶看到相關資料和紀錄後，恍然大悟地說：「原來你已經做了這麼多的努力！」充分了解到我重視客戶和積極解決事情的誠意，我也確實已經竭盡所能了。

最後，雖然這個案子的交貨問題仍然無法解決，可是那位客戶已經了解我做事的態度與為人，自此，我們反而從商業往來變成三十多年的好朋友，甚至這位客戶朋友，在我創業時還挹注資金，成為我生命中的貴人。

事實上，根據研究指出，顧客講述壞經驗的比例是好經驗的兩倍，而且一位不滿意的顧客會將壞經驗告訴八至十個人，但值得慶幸的是，只要能即時解決問題，抱怨的顧客中，有九五％會再度光顧。誠如劉備的名言：「勿以惡小而為之，勿以善小而不為。」客戶和訂單的經營都是需要業務員長期努力和持續灌溉的，掩蓋問題或逃避問題都只會讓事情的發展與你的預期目標背道而馳。

主管充電站

一、當原廠確定無法在交期內供貨，產生缺貨時，產品經理應該在知道缺貨狀況時，盡早積極主動地提醒業務員，請業務員趕快知會客戶，讓客戶盡早知道這個訊息，可以及早因應。

二、萬一缺貨時，應該重新檢視不能交貨的預定貨，並決定是否需要挪動或取消。

三、產品經理和業務員常是「患難與共」的「生命共同體」，所以當某些業務員因為衝業績、搶單，導致語氣、態度失當，或對市場狀況不清時，產品經理應盡可能予以協助，切勿因此而耿耿於懷，讓彼此都損失了業績，反而得不償失。萬一問題發生時，或許以你較豐富的閱歷和掌握的資訊，適時協助業務員一起「研究如何解決問題」，必要時，甚至應該「一同前去拜訪客戶」，幫業務員解危，如此對整體或彼此的綜效將更有助益。

第四章

信用狀的種類及要點

A先生擔任美國X銀行的業務經理，向來以小心謹慎著稱。有一天，一位文質彬彬的中年尤太男人和一位自稱來自馬來西亞的中年男人來到了A先生任職的銀行，開口就要求貸款一億美元，並提出由馬來西亞國民銀行開出的擔保信用狀（SL/C），並由美國銀行（BOA）馬來西亞分行背書擔保。

拿到信用狀就沒風險嗎？

X銀行總經理一看到有銀行的擔保信用狀，便不疑有他，馬上指示A先生進行放款前的文件準備工作。A先生卻直覺不對勁，心中嘀咕著：「美國金融界可說是尤太人的天下，怎麼會特地找我們銀行來貸款呢？」於是A先生便對總經理表示，希望能先將這個案子轉交信用調查部，調查過後再放款。

幾個小時之後，信用調查部門的報告出爐，尤太人的信用很好，總信用額度雖有十多萬美元，但過去收入的紀錄只是中等而已；馬來西亞人則沒有什麼信用紀錄可以調查，但沒有信用紀錄，也表示馬來西亞人沒有壞紀錄。調查了他們的公司和投資項目也都很合情合理，似乎沒有什麼破綻。

但是A先生還是不放心，便對總經理提出要求，希望能親自前往馬來西亞取回擔保信用狀。翌日，A先生便與尤太人和馬來西亞人一同飛往了馬來西亞，一下飛機，一行人就直奔馬來西亞國民銀行。

到了銀行，一位穿著得體的中年人接待A先生一行人，親自將擔保信用狀副本交給A先生，而且當場通過國際銀行組織進行了密碼查對，並進行了電話和傳真查對，顯示一切正常。A先生立刻連線向X銀行總經理報告狀況，總經理說：「這樣還有什麼好疑慮的呢？銀行有這樣穩妥的客戶是我們求之不得，我放你一週的假，你就在馬來西亞好好玩吧！」雖然總經理這麼說，但是A先生依舊放心不下，還是隨同尤太人與馬來西亞人回到美國。

一回到美國，X銀行總經理親自來機場接機，打算請尤太人與馬來西亞人吃早餐，順便商討銀行如何與他們建立穩定的業務關係，看到A先生也出現，心中雖有點意外，但也沒多想，四人就一同在機場的餐廳共進早餐。

飯局之中，尤太人接了一通電話，並用希伯來語講電話，恰好A先生大學時曾經修過這種語言，雖然程度不高，但大略聽得出來，尤太人是在講飛機起飛的時間。A先生心中暗想：「奇怪，為何不等放款作業結束後再訂機票呢？怎麼這麼急呢？」

辨明真偽的不二法門：確認、仔細確認、再仔細確認

於是A先生找了藉口離開餐廳，並打了個電話給自己的祕書，要求對銀行信用狀再做一次確認，沒多久，祕書回電告訴A先生，因為時差的原因，馬來西亞國民銀行沒有人上班，無法進行確認，而美國銀行總部找不到這個密碼，也沒有在總部註冊登記！

A先生立刻指示祕書，等馬來西亞國民銀行一營業，馬上進行二次確認。隨後便回到餐廳，剛好大家也都用完餐點，總經理因為還有其他事情要先行離開，便交待A先生在等待放款的這段時間裡，要好好接待這兩位先生。

A先生帶著兩位客人回到X銀行後，便將他們請到貴賓室休息，然後密電客戶經理，要客戶經理進來告訴兩位客人說：「因為銀行機器出現故障，要等下午才能支付全款，這是我們的疏忽，所以銀行願意每小時賠償一萬美元的損失。而且在等待的期間，X銀行願意為兩位提供一切能力所及的服務。」

待馬來西亞上班時間一到，A先生馬上跟馬來西亞國民銀行進行再次確認時，卻得到一個驚人的訊息：馬來西亞國民銀行並沒有開出這張信用狀的消息，美國銀行馬來西亞分行也沒有背書確認這份信用狀！

於是A先生馬上通知銀行保安部，並聯繫美國聯邦調查局（FBI），立即將兩名還待在銀行貴賓室的尤太人與馬來西亞人逮捕，經過偵訊，確認了這是一起馬來西亞國民銀行內神通外鬼的跨國詐騙案，也多虧了A先生的機警與謹慎，避免了任職銀行受騙上當的損失。

這是一則改編自真實事件的案例，「信用狀」是除了大家熟知的當月結、次月結、交貨付現等付款方式之外，另一種國際貿易上常見的付款模式，在進入信用狀的議題之前，我們可以從這則案例中，看到下面幾個很重要的概念。

一、信用狀不等於無風險

雖然故事中，尤太人與馬來西亞人擁有馬來西亞國民銀行開出的擔保信用狀，但事實上，這一切都是騙局。所以，不可因為信用狀到手便放鬆警覺，信用狀不等於毫無風險，即使客戶願意提供信用狀，也不能輕忽對客戶信用度的調查與分析。

二、多方評估客戶信用度

故事中的兩名騙徒，雖然銀行信用紀錄良好，但A先生仍多方查證其可信度，終於在放款前的最後關頭揭穿了騙局，可見評估客戶的信用度，絕不可單從一、兩個地方的資料，就妄下斷語其可信或不可信。

三、有技巧地解釋難處

為避免A先生再度確認信用狀時，可能讓無辜的客戶感到不受尊重與信任，A先生特別請客戶經理以「銀行機器出現故障」為由向客戶解釋，既爭取了二次確認所需的時間，也避免和客戶之間可能的尷尬。

信用狀的重要性和運用

所謂「害人之心不可有，但防人之心不可無。」這也是這個章節最重要的用意，因為信用狀是國際貿易中必不可少的重要工具之一，在國際市場做生意的業務員，必須熟習各種不同信用狀的特性，才能在國際舞臺上，具備更多生意談判籌碼、說服力及應變能力，並預先避開可能的風險。

那麼，究竟使用信用狀的好處是什麼？一般常見的信用狀又有哪幾種？事實上，信用狀只不過是一份國際通用的合約格式，業務員實在不需要預設立場、排斥接觸。整體來說，使用信用狀的好處主要有兩種：

一、避免在國際貿易上，因為地域差異所造成的表述誤差：信用狀的形式、規則、名詞定義，都是國際金融界、貿易界所共同認可的。

二、降低風險：身為國際貿易的一員，必須面對許多不熟悉的國外客戶，由一間值得信賴的銀行，擔任第三者擔保客戶信用，可以大大降低風險。

整體來說，信用狀本來是為了保障賣方的手段，但若賣方不能對信用狀的種類與要點有透徹的了解，即使立意是對本身有利，最後卻也有可能淪為蒙受損失的一方！所以對業務員來說，靈活使用信用狀實在是項不可或缺的技能。

一般常見的信用狀有三種：

一、不可撤銷信用狀（Irrevocable Letter of Credit），就是一般簡稱的L／C。

二、國內信用狀（Local L/C）。

三、擔保信用狀（Standby L/C）。

以下就透過實際信用狀的表單來一一解讀。

不可撤銷信用狀的要點

不可撤銷信用狀就是一般簡稱的L／C，也是我們常說的信用狀，是一種透過銀行保證的付款方式，只要出貨條件及文件全部吻合信用狀所載條款，不管開狀者是否有財務問題，開狀銀行均保證付款，是一種「有條件的付款保證書」，讓買賣雙方透過銀行的信用，使風險降至最低。

其中載明要件如下（可參照圖十一，將更能心領神會）：

一、受益人（Beneficiary）

也是押匯者，又稱為賣方（seller），或是出口商（exporter），必須一字不差，即使是「、」或「，」、「，」或「。」也不可以有差異，否則買方可以不付款。

二、開狀申請者（Applicant）

又稱為買方（buyer），或是進口商（importer）。

三、接不接受轉運（Transshipment allowed or not）

有些地區的運輸條件是必須透過轉運才能送達的，所以萬一信用狀的規定是不能轉運時，勢必又會是一個有瑕疵的情形。

四、最後裝船日（Latest shipping date）

提單（air way bill）上的裝船日不得晚於這一個日期（即最遲為當天），否則銀行可以拒絕付款。如果你預期的交貨期（加上緩衝時間之後）晚於最後裝船日的話，就必須請客戶「修改」日期，否則這份信用狀便形同廢紙。

五、信用狀有效日（Expiry date）

也是一般所說的押匯日期，亦即必須在此日期之前辦理押匯手續，否則此份信用狀便會失效。通常押匯日期是在最後裝船日再加上七到十四日，讓押匯者在出貨後有足夠時間準備押匯文件。

- 對於開狀者而言，此日期並非絕對重要，因為開狀者最關心的是最後裝船日（已另外載明），但對押匯者而言，則非常重要，必須注意在此日期前進行押匯。
- 如果最後裝船日與信用狀有效日是同一天的話，那麼出貨就必須提早幾天，以便有足夠時間準備押匯文件與手續，實質上等於縮短了最後裝船日的期限，因此盡量要求開狀者給予足夠差距日期是必要的，最好是在最後裝船日之後，再加上十至二十日左右。

六、是否可分批交貨（Partial shipment allowed or prohibited）

- 業務員最好要求客戶載明「允許」（allowed），以增加交貨的彈性，但是，客戶端往往會擔心分太多批次交貨，增加相關費用成本，例如：運費、保險費、報關手續費等，所以不一定會願意配合。
- 相對地，這種條件限制往往也會造成萬一客戶有緊急需要，同意我們先送交部分貨物時，我們卻受制於信用狀規定而幫不上忙。
- 對雙方而言比較理想的解決方法是：在分批交貨的條款上放寬（即「允許」），至於交貨批次的限制，則可以另外在特別條款上註明，例如：第一批貨物不得少於一萬件，且必須在五月三十日以前出貨；第二批貨物則必須在最後裝船日以前，交完所有信用狀上載明之數量。

七、特別條款（Special term）

開狀人除了根據銀行在開狀申請書上所提供的制式條例選填之外，還可以善加利用「特別條款」的欄位表達自己所希望規定賣方配合的交貨事項，諸如：指定日期、組合式交貨、特別指定某項目／數量之交貨期限或公證人指定等等。

- 通常賣方會希望買方給予的規定愈少愈好，而買方又會希望規範賣方的行為，以降低風險。
- 總之，收到信用狀後應特別注意是否有特別條款。

八、通知銀行（Advising bank）

開狀銀行透過通知銀行通知信用狀受益者，通常每個銀行會以固定的通匯銀行（彼此有帳戶可以扣減帳款）做為通知銀行，中間可能透過一個或兩個銀行（通常在紐約），再通知當地信用狀受益者。

為了達到最快的通知速度，賣方最好在預開發票上指定希望透過的通知銀行（最好能再註明匯款代碼），以引導開狀銀行透過最佳路徑傳送信用狀給賣方。

九、遠期信用狀（Usance L/C）

開狀銀行授信給開狀者（買方），准予買方在賣方出貨後X日才付款給銀行的條件，便是遠期信用狀。賣方出貨後可以馬上押匯領到貨款，由開狀銀行墊款後，再向賣方或買方收取利息。

十、主提單或大提單（Master AWB）／副提單或小提單（House AWB Acceptance）

- 主提單或大提單：即單獨提單，不得併櫃，運費較貴。
- 副提單或小提單：表示是透過併櫃方式出貨，因此運費經過分攤後，比較便宜，但相對地，因為要等併櫃，所以也可能因而耽擱時間。

圖十一　不可撤銷信用狀（Irrevocable L/C）圖示說明

SENDING TID:	CCSCTWTPAXXX3	WOORI BANK, HEAD OFFICE, SEOIJL
MSG TYPE:	700	203 HOEHYUN -DONG 1-KA, CHUNG-Ku
DESTINATION :	HVBKKRSE	SEOUL 100-792
Issue of A Documentary Credit	REPUBLIC OF KOREA	

27 : Sequence of Total
40A : Form of Documentary Credit
IRREVOCABLE
20 : **Documentary Credit Number** （L/C No.）
8AQQH2080311-300
31C : **Date of Issue** ← （開狀日）
080415
40E : Applicable Rules
UCP LATEST VERSION
31D : Date and Place of Expiry ← （L/C有效日，即押匯日期，必須在此日期之前辦理押匯手續）
080715 AT NEGOTIATION BANK COUNTER
50 : **Applicant** （開狀人）
Company Name
Address
59 : **Beneficiary** （受益人）
Company Name
Address；TEL
32B : **Currency** Code, **Amount** （L/C開狀金額）
USD
41D : Available with .... By....
ANY BANK
By NEGOTIATION
42C : Drafts at
DRAFTS AT SIGHT
42A : Drawee（Swift Addre4s）
CCBCTWTP
43P : **Partial Shipments** （是否允許分批交貨）
PERMITTED
43T : **Transshipment** （是否允許貨物經由轉運送達）
PERMITTED
44E : Port of Loading／Airport of Departure
ANY KOREAN AIRPORT／RORT
44F : Po r t of Discharge／Airport of Destination
TAIWAN AIRPORT／PORT
44C : **Latest Date of Shipment** （最後裝船日，提單上的出貨日期不得晚於這個日期）
080630
45A : **Description of Goods and／or Services** （L/C所要求的交貨內容）
LITHIUM ION BATTERY P／O NO. 108505283 ／ 108505103
ICR18650-22 60,000PCS AT USD2.86／PC
ICR18650-24E 150,000PCS AT USD3.26／PC
ICR18650-26C 50,000PCS AT USD3.83／PC
CIF TAIWAN PORT ／ CIP TAIWAN AIRPORT （價格條件，又稱貿易條件）

46A ： Documents Required
+SIGNED COMMERCIAL INVOICE IN 1 ORIGINAL（S）AND 1 COPIES
INDICATING CREDIT NUMBER
+PACKING LIST IN 1 ORIGINAL（S）AND 1 COPIES INDICATING CREDIT
NUMBER
+2／3 SET OF ''CLEAN ON BOARD'' MARINE BILLS OF LADING MADE OUT
TO THE ORDER OF YOSUN INDUSTRIAL CORP. 9F.,NO.489,TIDING
AVE.,SEC.2,NEI HU,TAIPEI,TAIWAN TEL:26598168
MARKED ''**FREIGHT PREPAID**'' AND CREDIT NUMBER AND
NOTIFY APPLICANT WITH FULL ADDRESS.
OR
CLEAN AIR WAYBILL（S）CONSIGNED TO YOSUN INDUSTRIAL CORP.
9F.,NO.489,TIDING AVE.,SEC.2,NEI HU,TAIPEI,TAIWAN
MARKED ''FREIGHT PREPAID'' AND CREDIT NUMBER AND NOTIFY
APPLICANT WITH FULL ADDRESS.
+INSURANCE POLICY OR CERTIFICATE IN DUPLICATE, FOR AT LEAST
110 PCT OF INVOICE VALUE, BLANK ENDORSED AND
WITH CLAIMS PAYABLE IN TAIWAN, COVERING:
INSTITUTE CARGO CLAUSES（A／AIR）1／1／82.
+BENEFICIARY'S SIGNED CERTIFICATE STATING THAT 1／3 SET OF
ORIGINAL B／L AND ONE SET OF NON-NEGOTIABLE DOCUMENTS HAVE
BEEN FORWARDED TO YOSUN INDUSTRIAL CORP. BY FAX AND BY EXPRESS
IMMEDIATELY AFTER SHIPMENT. THE EXPRESS RECEIPT MUST
BE ATTACHED FOR NEGOTIATION.

運費已由賣方預先支付，即為CIF

47A ： Additional Conditions
+AN EXTRA COPY OF ALL DOCUMENTS IS REQUIRED FOR
ISSUING BANK'S FILE.
+DOCUMENTS MUST BE PRESENTED TO ISSUING BANK THROUGH A BANK ONLY.
+PHOTOCOPY／COPY OF SURRENDER B／L IS ACCEPTABLE.
A CERTIFICATE ISSUED AND SIGNED BY BENEFICIARY STATING THAT FULL
SET OF ORIGINAL BILLS OF LADING HAS BEEN SENT BACK TO SHIPPING
CO., FOR THE PURPOSE OF RELEASING CARGOES BY TELEX.
+IF WE GIVE OUR NOTICE OF REFUSAL DUE TO DOCUMENTS WITH
DISCREPANCIES WE SHALL HOLD DOCUMENTS AT THE PRESENTER'S
RISK AND DISPOSAL.
+BANKING HOURS:
WE, CHANG HWA BANK, PURSUANT TO THE ART.33 'HOURS OF
PRESENTATION' OF UCP600, WILL PRINCIPALLY ACCEPT A PRESENTATION
PERIOD FOR THE FOLLOWING: (DOCUMENTS RECEIVED AFTER 2:00 P.M.
LOCAL TIME AT CHANG HWA BANK WILL BE CONSIDERED AS PRESENTED ON
THE NEXT BANKING DAY.)

71B ： Charges
+ALL BANKING COMMISSIONS AND CHARGES OUTSIDE ISSUING BANK, PLUS
ADVISING AND REIMBURSING COMMISSIONS, ARE FOR ACCOUNT OF BENEFICIARY.

49 ： Confirmation Instructions
WITHOUT

78 ： Instruction to Pay／Acc／Neg Bank
+A DISCREPANCY FEE OF USD50.00（JPY5500.00 OR EUR50.00）OR
EQUIVALENT AMOUNT IN L/C CURRENCY WILL BE
DEDUCTED FROM THE REIMBURSEMENT CLAIM／PROCEEDS
UPON EACH PRESENTATION OF DISCREPANT DOCUMENTS.

瑕疵押匯時，賣方必須從押匯金額中扣除，作為支付給銀行的費用

國內信用狀的要點

國內信用狀（如圖十二）的要件大多與一般信用狀相同，惟通知及押匯銀行常為開狀銀行在賣方當地的分行，較無法按賣方要求指定通知銀行。此外，國內信用狀在使用上還必須要特別留意兩個地方：

一、押匯日期

國內信用狀有時會指定押匯日期，意即並非出貨即可押匯，所以在出貨後到押匯成功的這段期間，仍存在著風險。

- 業務員遇到此種情況時，應該嘗試去爭取修改條文成「貨出即可押匯」。正確的做法應該是：向客戶交涉，表示願意負擔到押匯日期之間，貨款所產生的利息，藉以爭取修改押匯日期為「即時」。
- 當然，客戶也會考量自己在額度運用上的靈活性，未必願意修改押匯日期，但業

圖十二 國內信用狀（Local L/C）圖示說明

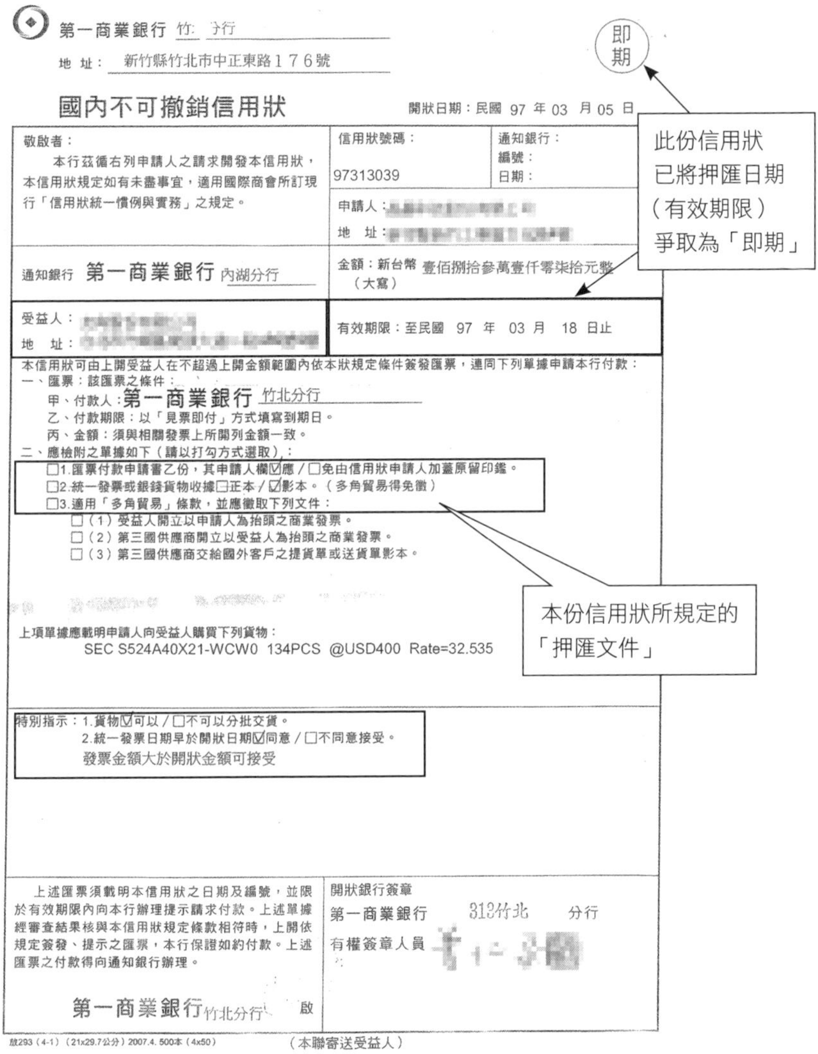

第一商業銀行 竹北分行

地 址： 新竹縣竹北市中正東路１７６號

即期

國內不可撤銷信用狀

開狀日期：民國 97 年 03 月 05 日

敬啟者：

本行茲循右列申請人之請求開發本信用狀，本信用狀規定如有未盡事宜，適用國際商會所訂現行「信用狀統一慣例與實務」之規定。

信用狀號碼： 97313039

通知銀行： 編號： 日期：

申請人：[illegible]

地 址：[illegible]

通知銀行 第一商業銀行 內湖分行

金額：新台幣（大寫） 壹佰捌拾參萬壹仟零柒拾元整

受益人：[illegible]

地 址：[illegible]

有效期限：至民國 97 年 03 月 18 日止

本信用狀可由上開受益人在不超過上開金額範圍內依本狀規定條件簽發匯票，連同下列單據申請本行付款：

一、匯票：該匯票之條件：

甲、付款人：第一商業銀行 竹北分行

乙、付款期限：以「見票即付」方式填寫到期日。

丙、金額：須與相關發票上所開列金額一致。

二、應檢附之單據如下（請以打勾方式選取）：

☐1.匯票付款申請書乙份，其申請人欄☑應／☐免由信用狀申請人加蓋原留印鑑。

☐2.統一發票或銀錢貨物收據☐正本／☑影本。（多角貿易得免徵）

☐3.適用「多角貿易」條款，並應徵取下列文件：

☐（1）受益人開立以申請人為抬頭之商業發票。

☐（2）第三國供應商開立以受益人為抬頭之商業發票。

☐（3）第三國供應商交給國外客戶之提貨單或送貨單影本。

上項單據應載明申請人向受益人購買下列貨物：

SEC S524A40X21-WCW0 134PCS @USD400 Rate=32.535

特別指示：1.貨物☑可以／☐不可以分批交貨。

2.統一發票日期早於開狀日期☑同意／☐不同意接受。

發票金額大於開狀金額可接受

上述匯票須載明本信用狀之日期及編號，並限於有效期限內向本行辦理提示請求付款。上述單據經審查結果核與本信用狀規定條款相符時，上開依規定簽發、提示之匯票，本行保證如約付款。上述匯票之付款得向通知銀行辦理。

第一商業銀行竹北分行 啟

開狀銀行簽章

第一商業銀行 313竹北 分行

有權簽章人員

放293（4-1）（21x29.7公分）2007.4. 500本（4x50） （本聯寄送受益人）

此份信用狀已將押匯日期（有效期限）爭取為「即期」
本份信用狀所規定的「押匯文件」

務員應該要有此項基本認知，盡力爭取。

- 若是客戶同意修改押匯日期時，千萬不要忘了：透過開狀銀行正式修改信用狀正本。切記：即使客戶有開保證函（guarantee letter）也是無效的文件，因為保證函在法律上不具效力。所以在此情況下，即使由我方來支付修改費也可以，務求一定要透過開狀銀行正式修改，才能得到完全保障。

二、押匯文件

國內信用狀並不像一般信用狀是以提單做為押匯文件，而是以收到貨物的通知單做為押匯文件。

擔保信用狀的要點

擔保信用狀顧名思義是一種「擔保用」的信用狀。正常情況下，賣方不會去押匯，只有在開狀者或開狀者所保證的第三者未能依約付款時，賣方才得以依照擔保信用狀上面所規定的文件和程序進行押匯。換句話說，它可以一對一，也可以一對二或是一對三，與一般信用狀只屬一對一的關係不同。比如說，甲企業開狀給乙企業來保證A公司，所以這一張擔保信用狀就等於有三者的關係，但是一般信用狀只會有買賣兩者之間的關係。所以在使用時要特別注意下列事項（可參照圖十三，將更能掌握要點）：

一、**「預先多久通知」條文：**當我方是開狀人時，業務員務必要特別注意在「預先多久通知」條文中，記得註記「押匯前將預先通知」的條文，以免萬一有狀況時，對方會直接押匯，即使事後問題解決了，也已經給銀行留下不好的印象。反之，當我方為受益人時，務必注意客戶是否有限制我們哪些事，事前注意，以為自己爭取最大保障與彈性。

二、**是額度最難申請的一種：**通常要有十足的擔保，否則多半只會給予總額度中一〇％到四〇％的擔保信用狀額度。主要原因有二：

- 保證手續費低廉（大約每年〇．七五％到一．五％）：保證一年或半年只收一次保證費用，沒有其他手續費可收。
- 風險比一般信用狀更大：其風險在於平常貨物進出文件不經過銀行，而且開狀者所保證的第三者，銀行也不知其財務狀況，是一個純「違約」信用的保證，保證當開狀者（或開狀者所擔保的第三者）違約時如數付款給信用狀受益者。

本章開頭的跨國銀行詐騙案就是打算利用擔保信用狀行騙。

三、額度與效期的思考：正因為擔保信用狀在「無違約」的情況下是不提示押匯的，所以有效期通常以三個月或半年或一年為一期，屬於長期占用額度的狀況。因此，當我方是開狀人時，則表示會長期（動輒半年、一年）占用額度，所以務必要特別注意開狀的有效期，愈短愈好。反之，當我方為受益人時，為了爭取更大的額度彈性和運用，當然希望客戶所開的有效期愈長愈好。

四、接受度：一般在歐美國家比較流行，因為歐美廠商較不喜歡煩雜的行政作業程序（領信用狀／研究條款／出貨條件限制／押匯文件等等），反之，只要你已經開立擔保信用狀時，他便可以給你一個相當於擔保信用狀金額或兩到三倍金額的信用額度，只要有訂單、有貨便可隨時出貨，不必管信用狀是否收到及受信用條款約定，同時也可以省下押匯的費用。

整體來看，開擔保信用狀的優缺點各半，條列如表六，供各位參考。

表六 開立擔保信用狀的優缺點比較

優　點	缺　點
一、可以省去多筆開狀的手續費。	一、額度不易申請。
二、交貨速度較快，不必等信用狀正本。	二、除非交易固定或穩定，否則不容易掌握正確全額，而且是屬於長期性信用狀，若金額開太大將占用額度。
三、領貨較快，因為不必交給銀行背書，可以直接提貨。	三、失去約束交貨期的彈性，只要你有預定貨在賣方手上，賣方隨時可以提早或逾期交貨（不接受取消訂單），尤其在淡季時拚命塞貨，或在月底／季底／年底塞貨。
四、較可以爭取到以一比二或一比三的額度。	四、屬長期性，中間如果變化，無法修改。
五、可以保證第三者，如：母公司可以用以擔保子公司。	五、如果是保證非關係企業第三者，其變數更大，無法掌握。

圖十三　擔保信用狀（Standby L/C）圖示說明

TO:DBS BANK ,SINGAPORE BR.
FROM :
TEST:　　　　　　　　DATE:NOV.23 2005
TEST WITH OUR INTERNATIONAL OPERATION DEPARTMENT

ATTN: L/C DEPARTMENT-

RE: OUR IRREVOCABLE STANDBY LETTER OF CERDIT
CREDIT NO:
AMOUNT FOR:**USD**
IN FAVOR OF（※THE「BENEFICIARY」賣方）
.（ADDRESSE）
（TEL）

DEAR SIRS,

WE HEREBY ISSUE THIS IRREVOCABLE STANDBY LETTER OF CREDIT NO. **IN FAVOR OF**（※THE「BENEFICIARY」賣方）（ADDRESS AS MENTIONED ABOVE）**BY ORDER OF**（※THE「APPLICANT」買方；公司名／地址）.UP TO THE AGGREGATE AMOUNT OF U.S. DOLLARS ONE MILLION ONLY. AVAILABLE BY NEGOTIATION OF YOUR DRAFT（S）DRAWN AT SIGHT ON US FOR FULL STATEMENT VALUE ACCOMPANIED BY THE FOLLOWING DOCUMENTS :

（1）YOUR WRITTEN STATEMENT CERTIFYING THAT（A）THE AMOUNT DRAWN HEREUNDER REPRESENTS AMOUNT PAYABLE BY YOSUN INDUSTRIAL CORP . TO YOU AND THAT YOSUN INDUSTRIAL CORP. HAS FAILED TO PAY YOU OVER A PERIOD OF 60 DAYS FROM SHIPMENT DATE（B）SAID GOODS WERE RECEIVED BY YOSUN INDUSTRIAL CORP.

（2）COPY OF INVOICE（S）AS SPECIFIED IN PARAGRAPH（A）,**WHICH SHOULD BE DATED AT LEAST SIXTY DAYS PRIOR TO THE DATE OF DRAWING, BUT NOT EARLIER THAN THE DATE OF THIS L/C**

（3）YOUR CERTIFICATE CERTIFYING THAT YOSUN INDUSTRIAL CORP. HAS BEEN ADVISED BY FACSIMILE **AT LEAST TEN DAYS PRIOR TO THE DATE OF DRAWING,** INDICATING YOUR PLANS TO DRAW UNDER THIS LETTER OF CREDIT FOR NON-PAYMENT OF INVOICES AND THAT A LIST OF SUCH INVOICES AND COPIES OF SUCH INVOICES ARE PARTS OF SUCH FACSIMILE TRANSMISSION.

> 此即為「預先多久通知」條文註記

（4）COPY OF THE FACSIMILE AS INDICATED UNDER ABOVE ITEM（3）

THIS CREDIT IS VALID UNTIL **MAR.17 2006** AT OUR COUNTER IN TAIWAN AND WILL BECOME NULL AND VOID AUTOMATICALLY AFTER EXPIRY DATE.

> 有效期限，即押匯日期

DRAFTS DRAWN HEREUNDER MUST INDICATE THE NUMBER, THE DATE OF ISSUE AND THE NAME OF THE ISSUING BANK OF THIS CREDIT.

WE ENGAGE WITH YOU THAT THE DRAFTS DRAWN AND IN COMPLIANCE WITH THE TERMS OF THIS CREDIT WILL BE DULY HONORED UPON PRESENTATION ON OR BEFORE EXPIRATION DATE AS INDICATED ABOVE.

ALL BANKING CHARGES AND DUTY STAMPS, POSTAGE OUTSIDE OF TAIWAN ARE FOR ACCOUNT OF BENEFICIARY.
THIS CREDIT IS SUBJECT TO THE UNIFORM CUSTOMS AND PRACTICE FOR DOCUMENTARY CREDITS（1993 REVISION）INTERNATIONAL CHAMBER OF COMMERCE（PUBLICATION NO.500）

THIS CREDIT IS AN OPERATIVE INSTRUMENT AND NO MAIL CONFIRMATION FOLLOWS.

案例：一字之差的信用狀詐騙案

老王是Super科技公司的老闆，這是一間專門生產數位相機、液晶螢幕等高單價產品的公司。有一天，老王接到一名賴先生的電話，他自稱是X公司的業務經理，要向Super科技公司下單，購買兩千台數位相機跟五百台二十二吋的液晶螢幕。

由於牽涉金額龐大，老王不由得謹慎了起來，心想以自己在業界打滾多年，卻從沒聽過X公司的名號，對方信用顯然十分可疑，不如拒絕這份訂單為妙。於是對賴先生說：「貴公司願意照顧我們的生意，真是感激不盡，但是我們的資金與額度有限，實在無法應付這麼大筆的訂單，請多包涵。」

沒想到對方馬上在電話中接話說：「你先別拒絕得這麼快，既然你公司有額度、資金上的限制，我們願意開立信用狀給貴公司，那總成了吧？」老王一聽有銀行的信用狀，心想那倒是可以商量。在確認有足夠的存貨後，便對賴先生表示願意接受他們公司的訂單。

信用狀必須一〇〇%一致才能兌現

一、對信用狀上的所有要點都要再三詳細確認：信用狀中許多欄位的內容，必須被要求做到一字不差的地步，否則信用狀的有效性便值得懷疑，好比Super科技公司，若能不厭其煩地先向銀行取得影本詳細核對，事前確認信用狀內容，待取得信用狀正本後，再次確認，或許就能避免掉受騙上當的機會，讓風險降到最低。

二、務必滿足信用狀上的所有要點：務必確認信用狀上的所有要點，都有被準確地執行，否則銀行或買方皆有可能拒不付款。

Super科技公司將貨物寄出，經過一個月後，X公司的貨款卻遲遲沒有入帳。老王馬上打電話到開立信用狀的銀行詢問，沒想到銀行表示：Super科技公司所持有的信用狀上，「受益對象」指定的是「Su per科技公司」（英文單字中間多空了一格），跟

Super科技公司的名稱不符，所以銀行方面無法給付這張信用狀。

老王一聽嚇了一大跳，仔細核查手上的信用狀，才發現真有這個問題，氣急敗壞的老王馬上打電話到X公司，打算找賴先生興師問罪，沒想到對方已人去樓空！數日後，警方雖然查獲了這個詐騙集團及大批的贓物，但卻有大半貨物已經藉由網路拍賣銷售到世界各地，老王除了大呼倒霉之外，也只能當作花錢買教訓了。

再多一點點，信用狀知識就能成為你的競爭利器

除了對信用狀本身的了解之外，還必須要徹底了解下列三大相關事項，你才可以做精確的報價及具備談判的籌碼，並預先避開風險：

一、各項費用的細節：如運費、報關費、開狀費用、通知費用、利息、押匯費用、修改費用、內陸運輸費等等。

二、各項流程所需時程：如各類信用狀到達時間、通關時間、修改時間等。

三、各項流程順序：從「信用狀開立」到「出貨」到「押匯」等。

國際商場上的交易瞬息萬變，許多細節了解愈多，便具備了更多的說服力及應變能力，同時也可以預先避開風險，千萬不要以為信用狀只是業務助理或押匯人員的工作內容，就忽略對信用狀的了解，業務員除了專業知識之外，信用狀及其他國際貿易的重要知識也是必備工具，其重要性不亞於語言。

案例：不代表「保證」的保證函

「喂？賴大哥嗎？我是小蔡，昨天我剛得到原廠通知，您要的那批貨，原廠來不及出，真是不好意思。」

「啊？那這樣要多久原廠才會有貨啊？」

「原廠那邊說如果還是要的話，會晚一個禮拜。」

「那可以，這批貨我還是要，你們就晚一點出貨沒關係。」

A客戶訂的貨因為原廠來不及出貨，所以交貨日期（Shipping Date）會比原來信用狀所規定的最後裝船日晚一個禮拜左右，業務員小蔡一得到訊息，立刻向客戶說明並取得客戶同意。

由於延遲交貨會違反信用狀條款的規定（一般稱之為信用狀有瑕疵），進而造成公司向銀行辦理押匯時，無法按照信用狀的正常程序辦理，所以業務員小蔡立刻向客戶提出請求，希望客戶可以同時去銀行修改信用狀，把交貨日期（Latest S/D）延長。

但是客戶口氣不耐地說：「我看你就直接出貨吧！要等銀行修改後的正本下來才出貨，我們可等不及。不然我開張保證函給你，保證會付你錢，這樣總可以了吧？」小蔡一來怕得罪客戶，二來想說既然有客戶的保證函，便答應了對方。

一週後，貨已經出給客戶，擬向銀行辦理押匯時，由於這筆出貨的文件是有瑕疵的，所以無法依程序順利取得貨款，只能等待銀行向對方收取付款後，才能兌現。但是，貨款卻始終沒有收到，因為對方一直不肯付款（一般稱之為「客戶Unpaid」）。

業務經理問業務員小蔡：「銀行說你的出貨單日期比信用狀上所規定的最後裝船日還晚，所以拒絕支付款項。這是怎麼回事？」

小蔡說：「因為客戶嫌修改信用狀太麻煩了，所以沒有去開狀銀行修改交期，不過別緊張，我有客戶的保證函可以作證。」

業務經理氣急敗壞地說：「你難道不知道，保證函在法律上根本不具任何效力嗎？」聽到這句話，業務員小蔡愣在當場，驚覺自己闖下了大禍。事以至此，業務經理只好進一步告誡小蔡，讓他了解，避免下次再犯錯：

一、保證函僅是買賣雙方互相約定的文件：其內容銀行不予認定，若發生爭議，銀行仍以信用狀內容為依據。

二、瑕疵出貨對於開狀者的權益影響仍然很大：

1.手續費：即便客戶履行承諾，提貨付款，開狀者還是需要支付瑕疵押匯的手續費（通常每筆要五十美元以上）。

2.利息損失及資金週轉：一旦碰到瑕疵押匯，銀行間的往來照會時間及程序常會因而延遲三個星期以上，讓原本可以順利取得的貨款，也相對會延後近一個月才能收到，在開狀金額高的情況下，影響更是不小。

信用狀修改注意事項

一、保證函只是一種信用約定，不具任何法律效力，客戶仍然可以拒絕付款。

二、確認各項條款吻合後再幫客戶訂貨，尤其是「特別條款」的規定：即使接到信用狀，如果賣方無法照約定條件交貨，那麼此信用狀仍然是無用的，例如規定必須符合交貨期限、不可分批交貨等等。除非客戶願意修改成賣方可以接受的條件，否則不要輕易先訂貨（尤其是共通性不高的產品）。

三、雙方協議的各項修改，都必正式通知開狀銀行，千萬不要因為覺得麻煩而便宜行事。

所以，無論客戶的信用如何，在客戶信用狀有瑕疵時，應該以這樣的考量因素向客戶說明，爭取客戶理解（同時也可避開客戶認為我們不信任他的敏感問題），請客戶正式到銀行修改信用狀。

第五章

使命必達的業務簡報

每一場簡報都一定有它想要完成的「目標」，尤其是業務簡報。嚴格來說，一場業務簡報如果最後只得到一句「謝謝你精采的說明」或是熱烈的掌聲，而不能達到簡報目標的話，是不具有任何意義的。這就好比做菜請客一樣，你必須針對客人的背景、喜好，先將菜單（簡報的架構）擬好，再依據菜單準備食材（簡報需要的資料）、蔥薑蒜等調味料（效果、佐證與資料明細等附檔），並將這些材料組合（簡報製作與呈現方式）後，才開始烹調。

其實，坊間已有許多簡報相關的書籍，但多數都著重於如何做一場精采的簡報，針對業務簡報的著墨實在不多，而我幾乎每天都要聽好幾場業務簡報，有的成功、有的失敗，有的觸動人心促成合作案，也有的沒什麼反應，只是為了會議而簡報，看起來業務員人人都會的簡報技巧，實際成效卻天差地別。

很多人認為可能是因為簡報製作不夠吸引人，或是臨場表現不夠好，這或許是對的，但是，我認為最大的關鍵在於「缺乏完整構思的簡報架構」，以致無法透過簡報有效引導對方走向目標，願意對你的提案或訴求埋單，而這也是在準備業務簡報前最重要的環節。

擬定簡報架構的注意事項

無可諱言，要做一場好的簡報，事前一定要搞清楚狀況，以免雞同鴨講、文不對題，因此，事前的研究、分析決不可馬虎。切記：好的開始就是成功的一半，更何況，有了架構，即使在時間有限的狀況下，我們也能做好最完整的準備，所以在擬定簡報架構時應該注意下列事項：

一、釐清簡報的對象與目的

簡報的對象、目的不同，準備簡報的方式也應該不同。簡報前，一定要先了解：

一、與會者有誰？

二、其層級、權限為何？

三、是可做決策者還是建議者？

搞清楚簡報對象和目的之後，再來決定你簡報的內容架構、簡報的主要理念、議題和訴求點，甚至是詞彙的設計。

小提示：當簡報對象是屬於半導體產業或是通路相關業者的話，你就可以使用半導體或通路業界的專業用語；反之，如果是法人或不同領域的對象時（包含其資訊人員、業務員等），就應該考慮使用較淺顯易懂的字眼。或者是依據與會者的層級來決定內容揭露到什麼程度，或該保留多少細節。

二、善用時間，安排、設定議題

無論任何目的的業務簡報會議，都有其預定的時間和議程，必須善用這樣的時間和空間，將對方需要的、自己所要發揮的主題或希望達到的效益，事前花些巧思，做好規劃和安排，在時間內讓其他的東西都插不進來，既可避免無謂的爭議，也不會產生太多枝節。等於是你設了一個路徑，讓與會者跟著你的引導去思考和發問。

三、你希望了解的問題也應該預先排入議程

貴賓來訪前，大家都會針對對方想要了解，或是想要讓對方了解的內容，盡心準備業務簡報，但卻常常會忘了也可以將自己想要知道的部分，簡單製作成一張簡報頁，排入議程。或許某些主管較有經驗，知道掌握難得機會，在會議中適時引導，讓我們也可以同步深入了解對方的經營模式、核心理念或未來發展方向等，但是也很有可能因為沒有事前準備，臨場卻忘了。

小提示：建議大家，會議是雙向的，當你極力想滿足對方需求的同時，也應該想想你希望藉此機會了解對方哪些事？將這些事項預先摘要整理在一張簡報頁中，排入議程。這樣做有兩個好處：除了不會忘記之外，你還會發現，當簡報大綱中多了這項議程

後，無形中就會改變你對時間上的分配和安排，比如說，你原先針對對方需求準備了約一個鐘頭的簡報內容，因為多了一個目的，可能就會縮減為四十分鐘，然後再利用二十分鐘進行交流，得到你想要的資訊，讓這場簡報，既滿足了對方也滿足了自己。

四、有些客戶資料不宜揭露

有些客戶的資料涉及保密，甚至有可能觸動與會者敏感神經的部分，都必須在準備簡報前就事先設想到，並小心、妥適地處理，以代號來表示或乾脆避而不談，以免一個閃失、落入「一棋輸，全盤皆輸」的情境，那麼，其他部分做得再好也會功虧一簣。

五、不放與對方無關的資料

簡報時間有限，如何利用議題的設計與導引，有效地透過時間的分配與掌握，達成訴求與目標才是最重要的，因此，與簡報對象無關的資料切勿放在簡報資料中，以免浪費時間，還可能衍生不必要的枝節，影響簡報的進行。

六、不自曝其短

簡報裡所寫到的部分，都是為了要導引客戶趨向自己想要傳達或討論的目標上，如果你事前沒能準備好，就不應該提出。所以在準備簡報資料時，切記：可能會讓客戶產生質疑的部分（或是自己不確定與沒有準備好的部分），千萬不要提列在簡報中，只要一不小心露出任何蛛絲馬跡，小則讓大家覺得你做事不夠周嚴，大則往往會因此偏離主題，甚至掛在當場，讓大家對你及公司的專業形象大打折扣。

七、某些議題是否列入簡報大綱，不妨與對方窗口事前充分溝通

當你認為某些議題或事件若是列入簡報大綱，可能會造成與會者尷尬或敏感，甚至很有可能會踩到地雷時，都應該盡可能事前和對方窗口先行溝通，甚至還可能有部分需要和對方窗口事前套好招。切記：如果可以私底下解決的問題就盡量在私底下先行解決，避免會議中突然出現在簡報上時，造成彼此尷尬，甚至在主管、產品經理和供應商

陪同你前往時，不明究裡地被某個問題卡住、停滯不前，反而容易因此偏離原先安排此場業務簡報的目的。

八、針對與會者權限，將你的訴求納入其中

簡報前準備了這麼多，就是為了達到你所設定的目標，所以一定要將你的訴求納入簡報裡。

準備你的訴求時，要注意下列幾點：

1. 了解與會者的權限：事前一定要了解與會者的權限，才能擬定訴求內容。
2. 訴求內容要具體：在與會者的權限範圍內，提出確實可行的建議方案，不要提列對方根本做不到的要求，無功而返。
3. 事前與對方窗口討論：當心中已有訴求的腹案後，應該盡可能在事前與對方窗口討論，避免當場陷入頂撞氛圍而產生反面效果。

九、擬定具多元建議方案的選擇題

既然準備了訴求，就應該要針對訴求提出相對應的具體建議，避免只有抱怨，而沒有建設性的方案，更要注意的是：具體建議必須是多元方案，絕不能只準備單一建議方案給對方。

小提示：告訴對方實際上你可以接受和配合的方案有多少種，提供對方更多可以思考及希望他如何做的方向，讓他選擇哪一個是他可以做到或是容易做到的提案，如此才有討論的空間，也比較容易完成目標，達成共識。就算對方無法從所提供的多元性建議方案中，立刻做出選擇，至少也能從中擬定出彼此都能接受的新折衷方案。

十、所有簡報議題都要知之甚詳，並備妥相關資料

一旦被你列上議題的簡報內容，就絕對要知之甚詳，深入了解，因為當某個議題被條列在簡報大綱上時，勢必較容易引人注目，進而提出詢問，萬一準備不夠充分，就很

容易穿幫或被掛在講臺上。

比如說，當你在簡報中指出，我們的客戶可以因為彼此合作而做多少生意時，與會者可能就會順著你的議題往下追問：「哪方面的市場？有哪些產品項目？」這時，如果你事前準備不充分被掛黑板，不僅讓原先的安排停滯不前，還會讓客戶對你的能力產生疑慮。

小提示：只要和簡報上的議題相關，或延伸出來所有可能的次主題等資料明細，都必須事前深入研究，知之甚詳，並以另存檔案或是連結的方式先行備妥，並在事前先檢視一遍，如此，當別人根據你的簡報議題或內容提問時，才能有備無患。

十一、議題優先順序的排定，必須仔細思量

想要掌握協商或簡報會議的先機，除了議題設定外，還需要注意議題的排序。大多數與會者在會議前都沒準備（尤其是高階參與者），常會臨場依據你的簡報內容予以發

問、挑毛病，很難跳脫簡報範圍，所以議題順序的排定必須要有技巧：

- **一般狀況：**會引起別人興趣的、重要的都應該放在前面，避免本末倒置。這是因為大多數會議的前半段，往往是與會者焦點最專注的階段，比較能獲得充分討論，或是重要高階參與者也常會因為行程緊湊，無法全程參與，往往只會出席會議的前半場等因素，以致許多會議到後面都是草草結束。
- **事前打聽：**以上只是一般狀況，當然高階參與者也有可能在中間或後半才參加，所以，你應該事前打聽清楚，盡可能掌握住當天會議的節奏，仔細考量、事先安排好議題的順序。
- **錦囊策略：**不可諱言，有時確實也很難在時機上掌握到一〇〇％（剛好你講到重點時，對方重要人物都在現場），為了預防這種擦身而過的情形，建議你事前還應該再針對對方有可能會出現的高階參與者等重要人物，額外準備一些小錦囊，萬一當天你講述的重點與這些重要人物出現的時機不符時，還可在其出現時，適時將你早已想好的關鍵重點巧妙地再強調一次，才不會讓某些重要議題無法充分表達和傳遞，導致功敗垂成、引以為憾。

十二、簡報資料應採摘要條列式

簡報的資料內容一般都採用節錄或是摘要條列形式，特別是面對公司或客戶的高階參與者時，更應該簡明扼要地點

圖十四 擬定簡報架構的注意事項

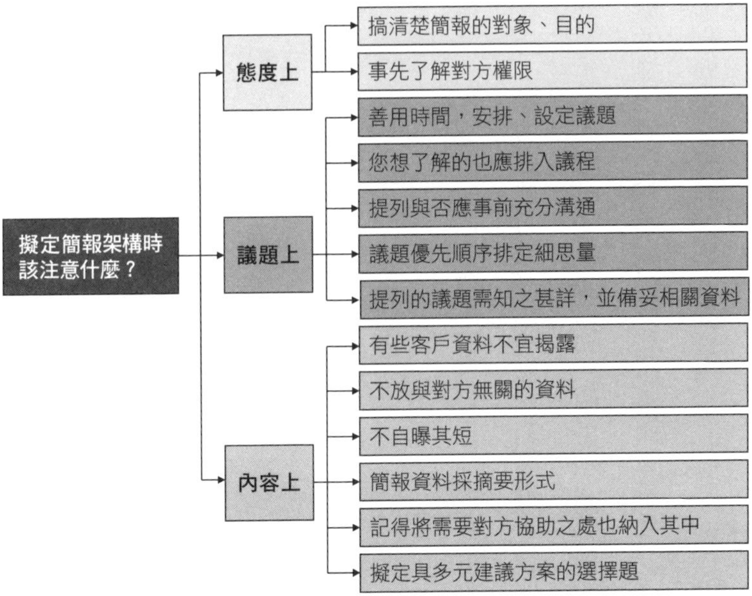

出重點，以免他們失去興趣和耐性。有研究指出，演講人只有兩分鐘的時間去建立與聽眾的關係。所以，如何讓與會者快速了解主題是簡報資料準備時重要的考慮因素。

小提示：至於更細節的相關資料可以用附檔方式，或是超連結的方式準備，再視臨場需求因應。

強化簡報互動的臨場技巧

廣義來講，每一場業務簡報都是一個協商的過程，所以絕對不應該只是你唱獨腳戲或單向報告的氛圍，還必須運用一些臨場技巧，將與會對方拉進你的簡報範圍內，讓他也成為局內人（例如議題內容與他切身相關等等），或是能輕易找到一個可以回應或與你互動的著力點，並透過簡報的引導，凝聚共識，朝你的預設目標和訴求達陣。

以下就和大家分享在簡報現場，可以強化簡報互動的一些臨場技巧。

一、開場問候語需預留回應時間

簡報是一種說服的藝術，想要說服與會者，就必須先抓住與會者的注意力，因此，開場問候語便顯得相對重要。再者也因為開場問候語是整場簡報的第一句話，所以必須在語調上，讓與會者深刻感受到你的熱情。必須面帶微笑，在態度上顯現你是很高興來簡報的心情，甚至要透過開場問候語的語調和與會者建立互動，展現你的親和力，以增進現場輕鬆的氣氛和拉近彼此的距離。

小提示：

1. 「你好」等開場第一句招呼語，可以試著以問句方式表現，或是在語尾部分拉長語調，讓與會者強烈感受到你正期待他們的回應。
2. 問候大家後略停一下，眼神熱情地注視與會者，預留一點讓大家可以回應你的時間，別小看這短短一到兩秒的緩衝空間，不但可以調適個人的緊張情緒，緩和現場氣氛，聽到現場大家回應之後，也會讓你更有親切感，心情隨之冷靜、安心下來，一旦心情定了、開場順了，後面簡報就相對順暢了。

二、適時點名，增加互動的感覺

當你簡報到某位與會者可能關心的問題或是與其職務上相關的產品、市場等整合方案時，可以適時地點名說：「約翰，上次你提到……這就是我們為你做的……。」讓與會者可以更注意你想要表達的成效、訴求或議題上，也可藉此小小互動，讓簡報現場氛圍更為輕鬆融洽，讓與會者對你所做的努力更有感覺。

三、勿急著說文解字，隱含的象徵意義重於簡報圖文的表面字義

簡報者一看到簡報內容，就急著跳進去，依照頁面上的內容開始解說的方式，完全忘了當初整理「這張簡報」時所要訴求的重點、用意及想要表達的象徵意義，這些大部分不會直接呈現在簡報上的內容，其實才是你簡報時應該特別強調的部分。

換言之，每次簡報之前，你都應該好好想想這次簡報的對象是誰？你為什麼要簡

報？你想從簡報對象獲得什麼樣的回應？再依據以上問題的答案，在每張簡報頁面上，標示一張屬於你心中的小抄（或註記在你自己的簡報頁面上），也就是在簡報頁面上所未顯現的內容，但卻可以彰顯你價值和優勢的訴求，像是：

- 為什麼要有這樣的架構？為什麼要設立這樣的組織？為什麼有這樣的想法、提案？來龍去脈為何？
- 立意之主要精神、目標是什麼？
- 主要功能、作用是什麼？
- 困難點、價值、競爭優勢是什麼？
- 這張簡報最主要的訴求是什麼？

這樣，才能讓你的簡報切中目標、打動人心，讓聽者更了解你的用心與想法。

同樣地，簡報圖表時，更是不宜將圖或表格中的數目字逐一唸出，像是：「二〇〇八年營業額XXX元、二〇〇九年XXX元、二〇一〇年XXX元……二〇一三年預計為XXX元。」正確的簡報方式是：從圖表中所隱含的意義或重大差異性予以說明、解釋，要強調的應該是圖表曲線的變化（平均值、重大差異性等）以及圖表中所隱含的訊息。

案例：如何從一張組織圖彰顯公司競爭力

下圖是友尚公司簡介中一張介紹組織架構的簡報頁面，當我們秀出這張頁面時，看起來是一張人人都看得懂的組織圖，所以根本不需要你照著簡報畫面再詳述一次。那麼，這張簡報該如何表達，才能賦予它不一樣的生命？

圖十五　從組織圖彰顯公司競爭力

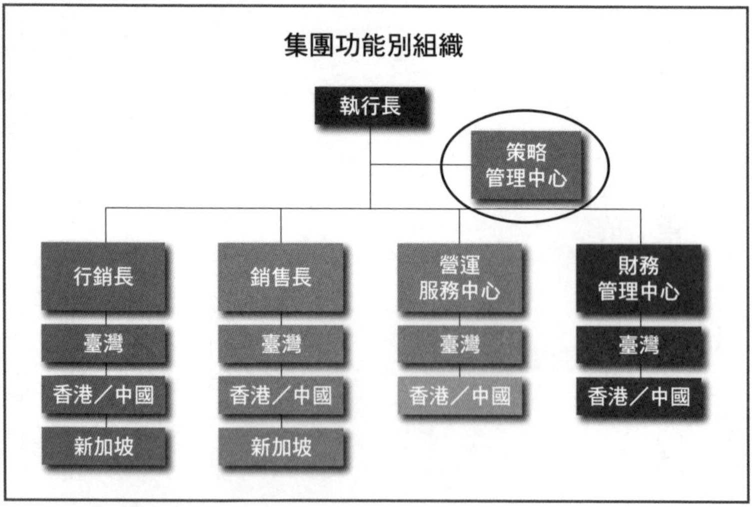

臨場簡報重點：在於組織圖上所未顯示的內容，像是策略管理中心的成員都是深具業務經驗、技術背景的人，其主管不但資深，還和很多產品經理、部門主管有良好的互動與連結，並直接對高階主管負責。同時，公司還提供很多業務工具讓他們可以達到橫跨各區指揮、資源統籌運作的效率，甚至也可進一步對原廠展示說明如何運用這些工具。換句話說，就是必須透過看似簡單的組織圖闡述策略管理中心的目標、困難度等，以凸顯友尚的價值和競爭優勢。

案例：如何簡報公司營收圖

臨場簡報重點：以圖十六的公司營收來看，簡報的說明重點應該是：

一、目前，我們公司營收預計是三十億美元。

二、二〇一〇年以前，我們每年的營收都是向上成長，平均成長率為一五％。

三、二〇一〇年併入大聯大集團之後，受到全球經濟景氣以及併購後組織體質、產品線進行調整改造的影響，營收略未能達到預定成長目標。

四、二〇一二年到二〇一三年雖然全球景氣持續低迷，但我們調整改造的綜效開始顯現，預計成長率可達一八%左右，恢復過去的成長力道。

以上這些未直接在圖表上出現的訊息，反而才是我們應該在簡報時強調的

圖十六　營收圖

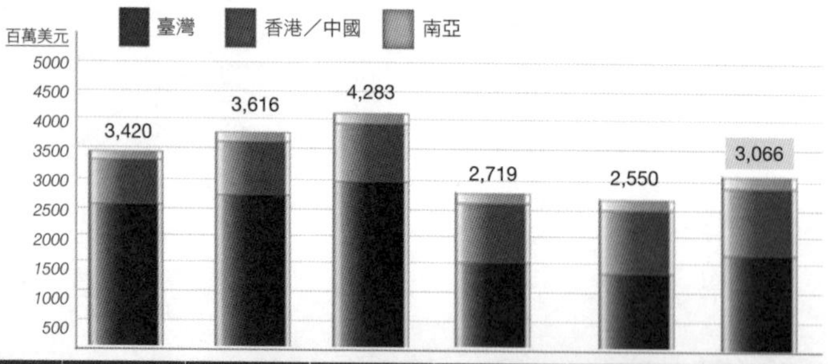

區域／年度	2008	2009	2010	2011	2012	2013 目標
臺灣	2,491	2,553	2,997	1,491	1,265	1,561
香港／中國	783	897	1,086	1,029	1,112	1,272
南亞	146	165	200	199	173	173
總計（百萬美元）	3,420	3,616	4,283	2,719	2,550	3,006

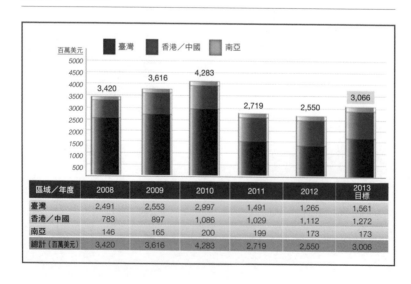

重點。

四、將對方納入簡報中，讓簡報立體化

這裡所謂的「簡報立體化」並不是指將簡報檔案做成3D動畫呈現，而是指在簡報現場如何讓與會者感受到你的簡報內容和他息息相關，並不只是一場演講或說明而已。切記：上臺簡報時，應該屏除「總是從自己一方的角度拚命想說明清楚」的觀念，事先設想每個頁面與參與會議者之間的關係，強調說明其功能或影響，將與會者帶入你的簡報氛圍之中。你可以試著這樣做：

- 舉很多與對方相關的例子。
- 根據你的建議方案，模擬合作後可能會對對方產生的效益或影響有哪些。
- 臨場點名對方，將他拉進來一起討論、交流。

視對象與需求立場的不同，在簡報時就將對方納入考量，明確將你的業務特長與對方的期待結合，在簡報的同時，強調你的規劃、展示你的實力與企圖心，同步也開始進行談判與協商，讓對方不僅有切身之感，也更能預想彼此合作後可以展現的空間。業務簡報的重點是：務求簡報內容都與對方相關，不是為簡報而簡報。

案例：同樣的內容，不同的簡報方式，效果大相逕庭！

臺灣「國際會計準則」（IFRS）會計新制即將正式上路之際，許多主管對這套新制多不甚了解，於是請財務主管A君簡報說明，A君準備了很多詳盡資料，也極力解釋新制條文定義與舊制間的差異變化，但是說了很多，卻沒有一點是從與會主管的角度思考：究竟國際會計準則會對這些主管產生哪些實質上的影響？這就是我所謂的「平面式簡報」，只著重簡報內容說明，完全未顧及與會者的立場與簡報用意。

如果A君能換一種方式，在說明國際會計準則差異的同時，也能將國際會計準則對與會主管的影響直接點出，比如國際會計準則對香港分公司的影響，對關係企業（子公司）或轉投資企業的影響又會是什麼？一一向在場相關主管說明，甚至點名將負責主管拉出來，直接告訴他國際會計準則實施後，你該注意什麼？哪些事、哪些做法與過去不一樣，必須如何調整較為適切等。將與會者也納入簡報考量中，讓他感受到你現在所簡報的「內容」都可能會影響到他的未來，他必然會更加地感同身受，這樣，這場簡報就不只是一場演說而已，而是與他切身相關的互動，這就是我所謂的「立體式簡報」。

五、面對提問的臨場應對

1. 不要搶答：必須耐心聽完對方的問題，千萬不要急著搶答或是打斷對方的發言，這樣不但會造成提問者不受尊重的感覺，也有可能錯解提問者的問題重點。
2. 問題確認清楚再回答：當你聽不清楚或是不太肯定提問的問題時，應該再重述一次對方的提問，進一步向對方確認後再作答，避免牛頭不對馬嘴，反而貽笑大方。

3.避免回答態度過於草率：很多人遇到提問，會草率作答，根本沒有想清楚這樣的回答是否合理。比如在一次會議上，我發現同仁簡報上的資料還是去年的舊資料，便問同仁為何還沒更新，同仁回答說：「沒有時間。」事實上，更新一份公司資料並不需要花太多時間，所以，類似這種太理所當然的直覺式回答，很容易給人留下壞印象，此時，倒不如承認自己疏忽，反而來得坦白些。

4.針對問題回答，不要讓答案繞遠路：當與會者提問A時，請你先針對問題回答A之後，如有必要才補充說明B、C、D。常常有人弄不清回答順序，明明問他A（華南區目前業績如何？），他卻拚命說明B、C、D，繞了一大圈之後才聽到問題A的答案（……，所以目前華南區的業績是……。）這種表達方式常會讓對方很不耐煩，甚至會讓人覺得你解讀問題的邏輯不夠好。

切記：

- 切中問題回答，不該多講就不用贅述。
- 先談結論再談分析，不要兜著圈子回答。若有其他想表達的，也應該先針對問題回答，再說明原由或補充，注意回答的順序。

5.提醒自己，避免不知不覺偏離目標，走上岔路：簡報時要時時自我提醒，回應別人發問時，絕對要針對問題言簡意賅地回答，不要別人問你一，你答完一之後，還忘我地滔滔不絕、一路高談闊論二、三、四等等，不知不覺自己將議題引到岔路上。切記要提警醒自己，避免不知不覺走上岔路，不但自己岔開了原先設定的議題，也造成時間的流逝。

6.必須引開旁枝末節的議題：當有人針對你所設定的議題或簡報內容發問時，若是當場你覺得這個問題必須花很長的時間才能清楚說明，或是針對某個非主要項目討論很久、僵持不下時，你就必須技巧性、果斷地禮貌回答：「等簡報結束後，再詳細向你報告。」切記：遇到旁枝末節的議題發問時，必須引開，才不會困住自己，影響到你整個協商或談判流程的步驟與節奏。

7.不正確的回答，不如事後再回答：很多人在簡報時，碰到與會者的提問，常會因為面子問題，怕對方覺得自己對相關內容把握度不夠，所以有些不甚有把握的問題，也未經深思熟慮就立刻回答。

事實上，並非馬上回答就是好的應答方式。因為對方會問這個問題，通常是對這方面有所研究，你若沒有十足的把握就貿然回答，很容易會被對方質疑到無法立足，進而讓對方產生不信任感。建議你，當遇到這種情況時，最好不要過於逞強，不妨誠懇地告訴對方：「請容許我研究後或回去確認後，再給你完整的答覆。」

8. 保留與會者插入的不相關話題：雖然我們在參與簡報時不會插入不相干的話題，但是我們卻無法阻擋或禁止他人插入不相關的話題。萬一在簡報時遇到有人插入與簡報議題無關的話題，你必須立刻將其導回，並婉轉地告知他：「你的問題我們暫且保留，會後將再詳細地為你說明。」切勿讓他的不相關內容岔開主題，影響簡報時間。

六、「訴求」是業務簡報的重點目標

1. 必須懂得提出你的訴求（support needs）：很多人為了簡報，雖然準備了充分、精采的內容，卻忘了簡報目標，一直到簡報結束都沒有提出你的訴求。或是，雖然提出了訴求，但是卻沒有將它帶入議題，只在簡報時提了一下，很快就帶過去了，缺少了讓對方可以清楚討論並予以回應的機制，也失去了安排簡報的目的。切記：業務簡報一定有其明確的目標，所以千萬別不好意思把你的訴求帶進議題中，唯有如此，才能建立讓對方可以回應的著力點，達到簡報的預期目標。
2. 提出的訴求一定要具體：訴求如果不夠具體，或缺乏進一步的客觀數據與佐證資料的話，就無法真正切中要點，具體點出問題的關鍵性原因、瓶頸或困難處，也就無法讓對方明確、清楚地了解到你的訴求與期待，也因此常會導致對方找不到著力點提供相關解決方案，以回應你的訴求。
3. 加強說明訴求的選擇方案：如果在準備簡報資料時，就能針對你的訴求提出多元性的建議方案，那麼，千萬不要忘記：在臨場簡報時也一定要記得強調它，詳細解釋每一個建議方案中的內容，務必要讓對方對你所提出的選項都清清楚楚。

4. 提出的訴求要在對方的權限之內：你的訴求一定要針對簡報的目標，在其權限範圍內提出建設性的建議，不要提對方不可能做到或根本不是他權限所能決定的訴求，以免偏離簡報目標，徒勞無功。

5. 預留足夠的時間討論你的訴求：簡報的主要目標就是為了順勢帶出你的訴求，所以應該注意時間的分配，預留多一點時間讓你有機會可以和對方深入細節討論，以求得共識或解決方案。很多人花太多時間進行前面的頁面說明，卻只留下一點點時間可以討論訴求的議題，以致雙方無法深入討論、交換意見，會議也就等於白開了。

6. 務必針對你的訴求尋求互動、要求回應：業務簡報最重要的議題就是提出訴求，但更重要的是：提出訴求不能只是單向的告知，所以，不要只是一條一條唸過，就單方認為對方已經接收到了，你應該更積極地將其轉換為雙向溝通的方式，在提出訴求項目之後，停下來等對方回應。

若是對方仍無回應，你還要進一步去引導他，比如說，打開事前準備用以佐證資料的附檔，讓他更清楚相關數字、細目而有所感覺，可以據此和你對談，雙方達成一定共識。甚至，還有可能需要預留一點時間，讓對方（通常雙方都會有兩到三人參與）進行小組討論、溝通出結論後，再予以回應。切記，在議程安排時，務必要預留一點時間讓雙方可以針對你的訴求進行溝通、討論，務必要在當場達成一定共識，或是要求對方有所回應，才不會白忙一遭，無功而返。

7. 釐清訴求的對象與場合：常常會看到簡報者搞錯訴求的對象，比如說，在業務發展會議中，目標是讓全體同仁可以了解各業務單位的發展，卻有業務員在簡報最後轉向老闆提出「調薪」的訴求，這就完全搞錯場合與對象。正確的做法是：你應該在會議中，提出需要全體同仁給你所屬業務單位的幫助訴求，至於調薪的需求則應該放在「經營會議」中提出才適切。切記：沒搞清楚場合與對象的訴求，便無法得到有意義的回應。

七、眼觀四面，扭轉負面為正面

準備簡報資料時，就必須要站在對方的立場，分析對方是否會從你的簡報資料中聯想到負面的地方，並在上場簡報時隨時觀察與會者的反應，適時提出解釋，以釋其疑。

八、時間安排預留彈性

會議的結尾，最好能保留約二十分鐘給與會者發問，切勿把簡報時間塞得太滿。

九、抱怨問題或凸顯問題大有學問

萬一碰到棘手的問題，一定得利用這次簡報機會將問題癥結凸顯出來時，表達的方式將是一門大學問。比如你可以說：

- 都是因為你們廠商不支援我們，一直沒有給我們回覆，才讓事情延宕。
- 可能是我們郵件系統的問題，讓你們沒有收到電子郵件，所以沒能給我們回覆，才會讓這件事一直懸而未決。

究竟，你要歸罪於對方還是自己承擔責任？雖然擺明是對方的問題，但又不能直接點名、直指是對方的錯誤。這時，你就必須判斷：

1. 該用什麼樣的抱怨方式，以及怎樣的說辭：既可有技巧地帶出問題點，又可以避免太直接挑明去刺激到與會者。

2. 是否要幫對方找藉口：用一種頂罪的方式去處理，避免解決了這個問題，後續引發更多不願意配合的情緒。

3. 釐清問題：同時又要技巧性地釐清問題所在，讓彼此可以正視問題，進而解決問題。

換言之，抱怨問題或凸顯問題時所使用的方式、字眼都要很講究，必須更加慎重，多花一點心思，甚至遣詞用字都必須事前推敲、做好準備和演練。

十、做總結給人留下好印象

簡報的最後，應該把今天會議的重點、對方的回應、哪些地方需要進一步修正、哪些問題需要等待回答等等，再做一個清楚的總結，這樣不但能彰顯會議的效率，還能再次確認雙方的認知和共識，是否有疏漏或錯解重要的細節，同時，也會讓與會者對你的辦事能力、專業形象留下好的印象。

十一、感謝要注意面面俱到

簡報中常常需要對支援自己的人表示感謝，這時，一定要注意顧及立場不同的與會者，讓感謝的舉動可以面面俱到，不會顧此失彼。以下三種狀況應盡可能避免：

1. 千萬不要看高不看低：只記得感謝長官，卻忘了感謝與自己合作的承辦人。
2. 千萬不要因為感謝一個人，卻得罪了大部分的與會者。

3.不要應酬式地感謝很多人：好像每個人都感謝到了，但卻沒有人感受到你的感謝，而且時間拉太長，容易讓人覺得你的感謝很沒有誠意，反而弄巧成拙。

每一場簡報都有它想要完成的「目標」

我們常說：「工欲善其事，必先利其器」，好的簡報內容能讓我們的業務訴求如虎添翼，幫助我們打開成功之門，對業務員而言，它更是我們衝鋒陷陣時最重要的武器。所以，每一個執行細節都可能是影響對方加速了解或是障礙的關鍵，在這，我主要針對大家比較容易忽略，卻是業務簡報最重要的兩部分「事前擬定簡報架構」和「上場簡報時如何強化與對方互動的技巧」，分享一些經驗和提醒，讓業務員能更正視每一場簡報的目標，並透過臨場強化的互動技巧，專注且一步一步引導與會者聚焦在你的訴求上，透過討論、溝通，可以在有限時間內發揮簡報最大的效益，達成雙方共識、順利達陣。

主管充電站

一、在接到會議通知的當下，先定義簡報架構和準備方向

很多主管都習慣在會議前三天，才請部屬將做好的簡報拿過來檢視，如果問題不大，只是內容錯誤訂正倒是還好，萬一你發現表頭不夠好、架構內容需要調整補強時，則往往會礙於時間，來不及修改。

主管應該在接到會議通知或知道會議召開日期的當下，就先召集團隊說明：此次會議性質和目的；討論會議訴求、簡報內容架構與重點；指示資料準備方向與呈現重點；表頭的呈現方式等，在事前清楚說明與要求，讓部屬可以根據擬好的架構和重點去準備資料，才不會出現不符需求的現象。

二、上臺簡報必須事先閱讀消化，避免被掛在臺上，或總是由部屬代答

代表部門簡報的主管應該在簡報前兩天就要求部屬將簡報檔案做好，同時也應該向部屬問清楚重點、消化資料，並檢視其中是否有問題。避免因不熟悉自己的簡報內容而被掛在臺上，或是總由部屬代答。

三、召開會議者應該統一簡報格式

負責簡報的單位，也就是主持會議或召開會議者，最好能夠提供統一的格式，並在事前讓需要簡報的單位／人都能清楚了解格式內容和其定義，如此將有助於參與簡報的所有人員，都可以在一致的平臺上表述和理解，避免像是幣值、單位或格式定義等等各家不同的狀況發生，徒增與會者全盤比較、了解的困難。

四、主管需向下統一部門的簡報格式

常常看到同部門的同仁輪流上臺簡報時，彼此的簡報格式變來變去，甚至表格中的資料或單位都不統一，讓人眼花撩亂，根本感受不到部門的團隊紀律。因此開會前，萬一召開會議者的單位並未要求或設定統一的簡報格式，部門主管也應該要向下要求，部門內部自己要統一所有對外的簡報格式，以免讓人莫衷一是。

五、適時當簡報者的救援投手

會議上，當你聽到正在簡報的部屬有所疏漏或訴求過於平淡，未掌握到關鍵精神時，你就必須在適當的時間挺身而出，幫他進行補充或加強說明，讓大家注意到你們的訴求重點，也可凸顯身為主管對事件了解的深度及關心。

六、做好簡報摘要總結及重點訴求強調

當部屬順利完成簡報後，你應該代表公司或部門整體將簡報重點摘要再總結一次，特別是訴求項目應該以你的高度再強調一次，一則表示對與會者的重視和誠意，一則也可再次讓與會者有完整的概念並提醒、加深他們對我方簡報訴求的印象，或是雙方在簡報過程溝通過的事項。

七、記下部屬應該調整的事，會後立刻糾正

當部屬代表在客戶、供應商會議上簡報時，你除了應該隨時補充其不足之外，會後，也應該立刻告訴他剛才在簡報上的缺失，因為這時候的糾正指導，對他而言印象會最深刻，也比較容易修正、調整過來。

第六章

斡旋商場的協商要點

無論是報價、接單、處理信用額度問題，或是運用信用狀等，想要讓事情順利推動、職涯發展無往不利，都必須得透過「協商」方式居中斡旋、溝通，才有可能圓滿達成預定目標，所以，對業務員而言，談判與協商是每一個人必備的知識與能力，特別是對半導體零組件通路的業務員而言，不但要面對來自不同原廠的產品與複雜的產品組合方案，更要協調來自上、下游廠商眾多參與採購決策者的不同需求和意見，協商幾乎是天天都要面對的課題，換言之，通路業務的成績與成就本身就是一連串協商結果的累積。

為了讓事情的發展順利朝你設定的目標前進，業務員必須學會如何透過技巧，巧妙打破僵局並有效引導協商節奏，讓客戶和原廠能快速了解、聚焦於你的訴求，協商綜效才會如你所願。所以，協商首要關鍵是「清楚設立目標」並「避免破局」，從協商前的準備、協商時的態度上，學習認清有哪些行為容易導致破局，除非你是策略上運用，已經想清楚後果，否則應該盡量避免，才能順利達到協商目標。

以下就從協商的四大階段與大家分享二十一招協商技巧與心得，相信多加演練後必能讓你的協商功夫大為精進。

協商前的準備要點

一、勿輕忽對手，務求多一分思考與準備

協商前，千萬不要自以為是，也不要以為別人沒準備，無論多麼熟悉的領域，多麼有把握的協商，都不能輕忽對手。

二、確立你的目標

「目標」的定義是協商前你所沒有的，協商後你想獲得的東西，所以協商的目的在於得到你想要

圖十七　通路業務員的服務對象

通路業務員每天都得面對來自上、下游廠商眾多參與採購決策者的不同需求和意見：

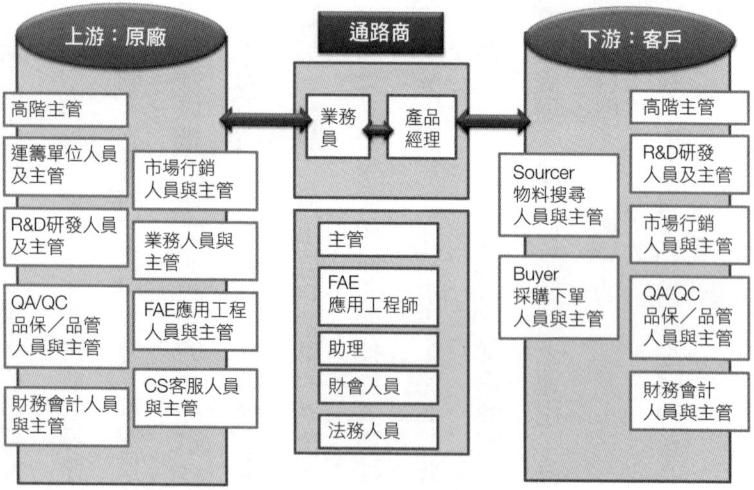

的，比如：解決問題、獲得主管支持、得到原廠更好的價格和支援、爭取客戶更大的訂單、降低延遲罰款等，你必須在協商前先將「目標」確立清楚，讓它具體化，並時時提醒自己，讓協商時所做的一切，都能明顯地一步一步趨近原先設定的「目標」，否則對你而言，這協商就毫無意義，甚至還可能讓你陷入更不利的狀況之中。

三、了解對方權責，勿勉為其難

企業組織裡，每個人都有他的權責範圍，一旦超過這個範圍的事，他是無權決定的。所以，協商前一定要先弄清楚對方協商代表的身分和權責，預先了解對方的權責範圍，並在當事者負責的權責範圍內談判，才可能達成共識，千萬不要寄望或是強求對方接受他權責範圍以外的條件。

例如，對工程人員談工程方面的問題、對採購談價格或交期的問題、對經營者談策略或合作的基本問題、對行銷人員談市場動態和供應情形、對財會人員談付款期限配合的方式、對品管人員談品質的話題、對產品經理談價格或交期的配合、對直接主管則談額度的問題。也就是說，必須「文對其題」才不會浪費工夫。

四、勿預設立場

很多人在未協商之前就已經預設立場，以至於無法聽進對方的意見，即使對方的意見合情合理，甚至言談間透露出新的合作契機，都可能因為你一味反對的偏頗態度或預設立場，不自覺中輕易扼殺了原先預定的協商目標。

五、預設選擇題要預留伏筆，增加協商空間

當你在協商前預設選擇題時，最好能先思考一下，預測對方可能的選擇答案，事先預留伏筆，讓自己可以有再退讓的空間，同時還要準備好下一個腹案。通常，一件事情都需要經過兩、三回的斡旋才會定案，所以在擬定協商策略時，一定要讓自己握有彈性空間的籌碼，像下棋一樣，除了下一步之外，還要再思考到下下一步。

同樣地，當你設計選擇題給對方的時候，最好也能夠同時考慮到雙方可退讓的空

間。切記：對方小贏你才可以大贏、不可堅持全贏才能贏，這也是預留伏筆的一部分。

六、準備建設性方案代替抱怨

協商時，對方最不喜歡的方式，就是談了一堆做不到的理由，卻無建設性的意見，比方說一直抱怨原廠價格不具競爭力或是交期過長等等，但是，當原廠進一步問你說：「如果我們可以解決價格和交貨期的問題時，你可以下多少訂單？」結果，多數業務員卻往往因為沒準備好而不知如何回答。這樣的協商不但偏離原來目標，未見效果，也會讓對方留下不好的印象。

切記：協商前你必須要先準備好具建設性的方案或明確的訴求，才能讓協商有效地朝「目標」邁進。

七、進入主題之前的鋪陳也很重要

為了順利切入主題訴求，得到好的結果，一般我們會在前面先行做好鋪陳，以順勢帶出主題，讓對方樂於埋單。鋪陳的內容不用很長，但必須要能夠烘托出主題訴求的必要性、不可或缺性或是對未來的期待性，就像電影的預告片一樣，是吸引你是否願意花錢走入電影院的誘因。所以說，如何鋪陳主題也是協商前準備工作中，必須多花些心思仔細考量、模擬的地方。

例如：剛開始推動事業開發（Business Development, BD）制度，希望尋求原廠支持的協商會議時，我們並未開門見山告訴原廠我們的想法，而是在協商簡報的前段先讓原廠了解我們的組織架構、跨部門溝通模式及優勢（了解在這樣組織架構下我們可以怎麼做，並達到什麼樣的效果）、我們的實力綜效（有多少客戶資料庫、業務觸角橫跨多少區域）等，先讓原廠知道我們提出的事業開發制度不只是理想，而是已經具足的條件，同時再告訴他在這樣的作業行為中，業務員的心態是什麼，我們的完整配套計畫又是什麼。之後才切入主題，就很順利地達成協商目標，讓原廠樂意提供獎勵機制，透過我們的事業開發團隊來擴大其業務市場。

協商時的正確態度

一、與對方站在同一陣線，善用同理心

協商時，無論對方意見是否合理，即使有時候你認為對方的要求已經太過離譜，也要先忍下來。必須先接受對方的意見，表現出同一陣線的立場，然後經過一段緩衝時間的思考與努力，再回覆對方，讓對方感覺到你努力爭取的誠意。

例如在面對原廠時，站在原廠的立場，他當然是希望你盡量賣高一點價格，以表現他的業績。這時，如果他給你的價格，你還沒試過就直接告訴他：「不可能！」他會認為你只站在客戶或公司的立場，完全不考慮原廠的立場，甚至認為你抵觸到他的權威（難道我的市場敏感度比你差嗎？）或是覺得你根本沒有努力就說「不」不夠誠意，以至於他本來可能有再向總公司爭取更好條件給你的意願，就因為這個不良感受而作罷。

相對地，如果你過幾天後再婉轉地告訴他：「你說得沒錯，但是最近市場又有些變化，A代理商拚命倒貨、殺價，所以定價上有些困難。」如此，既避免了當場讓原廠下

圖十八　與對方站在同一陣線的運用技巧

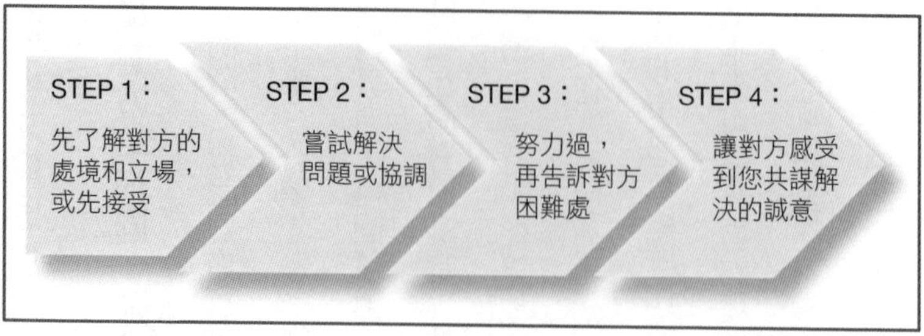
STEP 1：
先了解對方的處境和立場，或先接受
STEP 2：
嘗試解決問題或協調
STEP 3：
努力過，再告訴對方困難處
STEP 4：
讓對方感受到您共謀解決的誠意

不了臺的難堪和憤怒，回來後，也可進一步考慮對方的心理，思考表達的技巧，究竟同樣的一句話，該如何說明才能婉轉又漂亮、有技巧地回絕？

或者是原廠告訴你這已經是虧本價了，可是你仍堅持告訴他不可能，因為別的原廠確實以此價格供應，那麼一定會惹他生氣。這時，如果你能同情他虧本的處境或接受他虧本的說法，就算是謊言也沒關係，然後以同理心，和他站在同一立場共謀解決之道，問題就比較容易解決。

同樣的道理，站在客戶立場，他當然也會希望你能盡量向原廠殺價。記住：你也絕不能馬上拒絕或是當場拆穿他的謊言，如果緩幾天、經過了努力，再告訴他最佳價格，或許他便會勉為其難（可能也是假裝的）地接受了。

事實上，不只是業務員與客戶、原廠關係如此，各層級人員與幹部主管或其他部門的交叉關係都是同樣的道理。如果你可以先了解對方處境、立場再協調，或者先接受，試了之後再告訴他困難之處，以共謀解決之道的態度因應，許多事情的處理便容易得多了。

二、讓對方充分表達

即使心中已有底線或腹案，仍要耐心聽完對方的意見。要讓對方多表達一些，仔細傾聽，以便確認他在意的關鍵點是什麼？真正的目的是什麼？說話中間是否有弦外之音？唯有從對方的表達中猜測並研判對方真正的想法和用意，才能掌握協商重心，爭取最佳利益。

三、勿掛住別人

協商之中，最忌諱掛住別人，讓他下不了臺。萬一遇到這種狀況，業務員一定要適時地設法解圍，必要時，自己權充犧牲者，以求協商會談的圓滿。不過，既然跳出來擋子彈，也不能白白犧牲，事後，你一定要透過適當的場合告訴對方。

例如，對方主管怪罪採購時，身為業務員的你不妨跳出來將責任扛下來，否則將來生意便難談了，然後，當雙方再次碰面吃飯時，不一定是馬上急著告知，但是，絕對要面對面地提醒他，在聊天的時候順便帶出來，技巧性地向他強調：「其實這不是我們公司的問題，但是為了你，我願意幫你頂下來。」這樣不僅可增強對方的印象，認為你夠靈活，他也可以更信任你，確信你不會在他主管面前捅他一刀，日後彼此的交情自然不同。

四、避談敏感問題

協商時，應該避談敏感的話題，比如說與政治、宗教相關的話題，或是對方不打高爾夫球，你卻興致勃勃地談一桿進洞等不恰當的話題，雖是閒聊或是開場，但卻對拉近雙方距離不但沒有助益，還有可能因為過於帶有主觀色彩的話題，讓雙方還沒進入正題，就已經留下不好的觀感。

當然，對於不熟悉的客戶，要知道他們有哪些地雷區，是比較困難的，但是我們必須要先建立「每個人都有其禁忌話題」的認知，這樣才會懂得去揣摩他的立場、環境，甚至事先從其同事或朋友處打聽、了解一下對方的嗜好、偏好與習性等，避免在協商會談的場合誤觸地雷。

五、對自己的數據要精準、有自信

協商會議上，對自己事前所準備或賴以憑據的數字、資料，必須在表述時堅定而有信心，千萬避免在過程中，用太多「大概」、「大約」、「預計」等含糊不清的字眼或口頭禪，讓對方覺得你做事不夠嚴謹或還沒有準備好。也因此，在事前準備時，許多重要數據必須力求精準或更新到最新資料，絕不能做「差不多先生」。

打破協商僵局的技巧

一、善用郵件副本的方式跳級協商

很多時候無法達到協商結果，是因為卡在層級決定權責的問題。你又不能得罪對方跳級報告，這時候，寫封電子郵件謝謝對方幫忙的同時，順帶提及正在協商中的案子進度，並寄出副本給相關主管，明的是謝謝他幫忙，暗的是希望其他相關人員能參與幫忙解決問題，既不得罪又能得到效果。

二、試探後再前進，善用「如果」以求出底線

很多時候你不知道客戶、原廠或是主管的想法時，可以採用試探性質的問題，讓對方先透露出他的想法，再針對他的想法找尋適當的前進途徑，否則貿然前進，常常會徒勞無功，甚至還可能適得其反。或許，你無法完全掌握對方的想法，但至少利用多方面試探的結果，可以得出一些線索甚至可能的底線，將有助於下一步的構想。

例如，以假設的語氣詢問：「如果我幫你爭取做這樣的事時，是不是對你會有幫助？」、「如果我們……，你是否就可以……？」善用「如果」的口氣，設定多種情況去試探、了解並猜測出對方的底線。

三、預留伏筆／談判空間

在協商過程中，適時以「退讓一小步，才可前進一大步」的技巧，將預先準備好的伏筆備案拋出。如果你不退讓，或無法退讓，常常會讓陷入僵局的場面更尷尬，事情很難圓滿，不但無法皆大歡喜，還可能因而留下不好印象，反而偏離協商目標。

四、以柔克剛，善用緩衝期

協商過程中，難免會碰到對方立場強硬，或雙方意見相佐、僵持不下的時候，這時一定要採取以柔克剛的方式和態度因應，千萬要避免針鋒相對、直接相衝等硬碰硬的狀況發生，此舉不但無法解決問題、達成既定目標，甚至還可能因此導致破局。

再者，一旦面臨困局，也可以運用「緩衝期」的做法，為自己爭取更多思考的時間，同時也讓雙方冷靜一下，切勿在僵持不下的冰點時，在會議中直接做成結論。

五、善用水平思考的概念

業務員常遇到的問題不外乎是價格、交貨、額度等，看似簡單，但有時候卻不是見招就能直接拆招過關的，這時如果能夠善用水平思考尋找其他備案的話，就比較可能讓你在面臨協商困局時，有較多的方案供對方選擇。

例如，當雙方因為價格問題無法達成協議時，你可以試著從下列三方面找出更多方案供對方選擇，引導協商朝目標繼續討論，直至取得共識，達成目標（參考圖十九）：

1.時間考量

- 可否在付款期限（payment term）上調整差異？延長付款期限給客戶，或請客戶開遠期信用狀。

- 可否在交期上妥協？請客戶接受下一批來貨（因價格上有差異），或接受分批交貨。

2.調整數量

- 有沒有其他產品可以搭配？採取整批交易（package deal）的可能。
- 在保持關係的前提下，可否在數量上妥協？例如只拿二〇％到四〇％的訂單數量（share %）。
- 可否增加數量？給較長期的訂單，以便與供應商再協商。

3.修正或取代規格

- 可否在規格上修正？以另一種規格取而代之，因為某些參數（parameter）在某些客戶的用途上，不是那麼重要。
- 可否以其他廠牌同等規格取代？不過切記：某些部分需跳出採購範圍時，應該先與研發人員討論。

- 當價格成為不可讓步的關鍵時，可否以樣品或備用零件（spare parts）方式處理？即價格不變，但以附送的樣品或備用零件方式抵消多餘的價金。

六、讓細節留待最後

協商過程中，最怕的就是捨本逐末，在無關緊要的議題上打轉太久，以至於沒有足夠的時間好好依照原訂計畫，將你這次的重點表達清楚，因此，我們必須讓所有細節問題留待會後討論，避免影響協商目標與節奏，

圖十九　當客戶在價格上不願妥協時的思考與應變方法

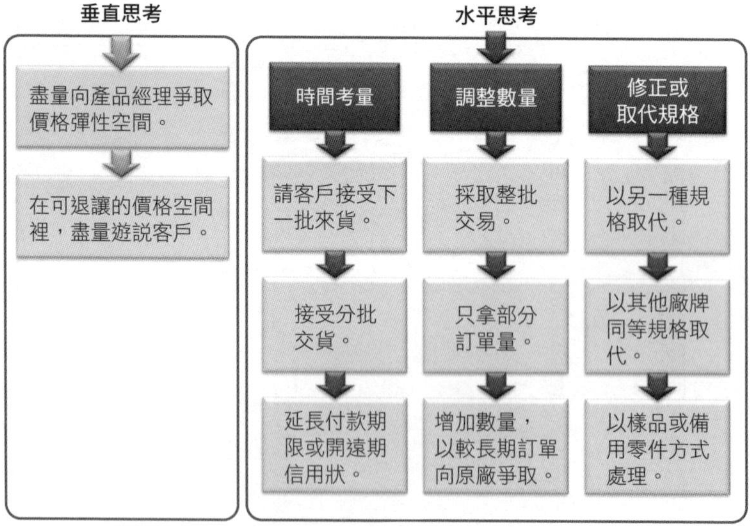

甚至還因此衍生出預期外的副作用。

例如，在協商會議上，突然有人針對某個觀點或事項討論很久，僵持不下時，你就必須出面委婉地適時制止：「是否可以等其他議題討論完後，再回過頭來仔細報告這部分？」或許會議結束後就不再有人想繼續討論，因為那往往是非常細節的問題。

促使協商達陣的技巧

一、幫對方整理好資料設下選擇題讓對方挑選，先入為主引導

你常會發覺很多電子郵件送出去都沒能得到答覆，或是原廠（主管）拜訪客戶後，會議上溝通也承諾待解決的案件卻無下文。深究原因，多是時間短促，資料不足。

事實上，原廠的業務也很忙，他如果要向上層爭取更好條件來支援你時，一定要有完整的資料輔助，如果一時資料彙整不及，使其無法迅速報請其主管允諾的話，就常常

會愈放愈久，終至不了了之，當然，連帶就會卡住你也無法盡速給客戶交代。身為業務員的你，若是能在這方面積極主動一點，自然能為自己爭取到好的成果！

比較聰明的做法就是幫對方整理資料並設下選擇題。你可主動迅速地整理與分類相關文件與資料，並提出「三到四種組合選擇模式」，讓原廠（或對方）可以在短時間內快速、直接依你所提供的佐證資料與建議方案，呈報主管，甚至除了市場競爭動態等足夠的資料外，同時還要加入自己的分析意見，並告訴對方可能的情況組合，設下三至四種選項讓對方選，千萬不要採用開放式的問題（不僅需要頻繁地往來溝通，而且不容易得到滿意的答案）。

其好處在於：

1. 快速達成共識：提出數種具體的建議方案，可以讓對方迅速和你一起達成有利的共識。相對地，也可以讓你迅速對客戶的期待提出因應之道。

2. 提案前已經先考慮過利弊得失：讓原廠可以直接落入你所設定的作業模式中去思

考與選擇，對你和公司自然比較有利。

3.讓對方覺得擁有決定權：如果只提一種建議模式，往往會讓他覺得專業和決定權被侵犯，而數種組合的選擇模式，則預留了考量的空間，因為最後的決定權仍然掌握在他的手上，甚至他還可以從中重新組合，不僅會讓他感到受尊重，也會讓他快速從你希望的提案中做出決策。

但事實上，不管對方怎麼重組，依然是在你所提的範圍之內。因此先設下選擇題，讓對方不自覺地進入框框裡，你便可得到八九不離十的答案了。

同樣地，這套方法也可以運用在協商上，例如，當你要求原廠報出最佳價格，有時久久得不到答覆，但如果你能給他完整的市場資料，及不同價格承諾不同數量的計畫告訴他：如果你給我兩元會有多少單，如果你給我二．二元會有多少單，如果你給我二．五元會有多少單，如果你給我二．七元以上就可能會掉單，那麼，原廠業務一定可以很快地在這個範圍中取得一個答案來答覆你。

二、聚焦法的應用

聚焦法（narrow down）的應用就是：提出數種可供選擇應用的組合，主導他人在鎖定的範圍內進行溝通，以快速產生共識、訂出執行方向、達成目標。好比停車時，如果停車場內有連著三、四個停車位都是空的，要停到格子裡往往很難一次停好，太寬了，反而沒有清楚交界可以對焦，但是如果只剩一個停車格，一般都會停得非常好、非常正。討論、協商時也有異曲同工之處，當議題設定沒有具體方向，或是太過「開放式」的討論法，不知從何說起、沒有對焦時，往往就會失焦，無法達成原先的期待目標。

三、業務員必須隨時轉換角色與立場

協商時，當然應該以爭取公司最大利益為原則，但在技巧運用上，則必須具有彈性，才能達到目標。因此，在協商過程中，業務員必須隨時轉換角色與立場，有時站在客戶的立場，有時站在原廠的立場，有時站在公司的立場。如果無法隨機應變、改變立

表七 容易讓協商破局的十八種態度和行為

態度和行為		結果
一、站在不同陣線，當面回絕。	→	既然沒啥好說，就不要說了。
二、強迫對方接受權責以外的條件。	→	說也是白說，徒浪費時間。
三、預設立場。	→	不聽對方意見，自斷發展契機。
四、無視對方存在，直接跳過對方向上級報告。	→	對你的要求更加相應不理。
五、未提供充分的資訊及選項。	→	無法回應或延遲回應。
六、沒有焦點的開放式討論。	→	遲遲無法達成共識或決議。
七、未留伏筆與空間。	→	下棋不留步，死棋。
八、只有抱怨，沒有建議方案。	→	想幫忙，也無從幫起。
九、貿然前進，直接談判。	→	看破你想急切了事，那自然可以再多占你的便宜。
十、讓人下不了臺。	→	不只一次協商破裂，以後生意也別想往來。
十一、自曝其短。	→	讓別人可以拿著放大鏡檢視你的缺陷，終造成負面評價。
十二、協商前未與對方套好招。	→	本來私下可處理的小事，卻可能變成會議裡的暗礁，卡住會議、停滯不前。
十三、議題未經設定。	→	容易失去重點，無法有效達成目標。
十四、未先行思考議題順序的排定。	→	議程雜亂無章，主戲還未上場，觀眾卻已不耐紛紛離席。
十五、未充分準備相關資料。	→	有展現機會時，卻秀不出來。
十六、陷入旁枝末節的議題。	→	重要的議題反而沒時間討論。
十七、自顧自地高談闊論，答非所問。	→	忘了我是誰，也忘了協商會議的目標。
十八、協商中針鋒相對、硬碰硬。	→	不歡而散，協商破裂。

場，或是太過堅持自己的立場，常會搞得雙方壁壘分明，硬碰硬的結果，只會讓協商破局。切記：有彈性的立場轉換，才能讓協商順利進行。

這真的已是業界最低價了嗎？

過去公司某項產品都是透過海運運送，有一年因為缺貨，改用空運處理，因而每月運費暴增至七百萬元至八百萬元左右，有時還會飆升至上千萬元。面對這樣的費用，我不得不提醒負責的業務主管，請他盡快處理。

於是，負責的業務主管將這件事情交由總務處理。數日後，總務協調的結論是：經過詢價、比價之後，市面上其他兩家B、C的價格都比A公司高出一二%。換言之，目前負責承接的A公司提供給我們的價格，已經是業界最低、最優惠價了。

我聽到回覆後，請總務甲君再次聯繫B、C兩家公司，請他們到公司重啟談判。

協商前，我交代甲君務必將相關資料準備好，進行協商時，也必須具體地告訴廠商：「公司目前的量有多少，如果他們願意提供更具吸引力的價格方案，我們可以承諾撥給他們三分之一或二分之一的量，大約價值又是多少？」有了具體數據作為參考，並經過正式而有誠意的協商會議之後，B、C公司都願意以比A公司還要低二八％的價格承接該項業務。

於是，運費過高的事情，透過事前完整的準備與正確的協商態度，獲得有效解決，而且來去之間，我們該項產品的運費成本等於低於市場行情價四〇％左右，超過原先的預期。為什麼同樣的事情、同樣的對象，卻有兩種不同的協商結果？

協商時必須用對方法，不可輕忽對手

如果你是用「詢價」的態度處理，透過電話詢問：「我要從A飛到B，一公斤運費多少錢？」當然得不到預期的結果，因為對方感覺不到你的誠意和對這件事情的重視。相對地，如果你是慎重其事地看待這件事情，那麼協商的態度和準備就會截然不同，你會開始：

- 思考應該如何掌握談判目標與需求。
- 主動準備資料，甚至做正式的簡報檔案。
- 請廠商來公司或親自去拜訪對方。
- 提出具體的資料或建議方案和對方協商，談判時當然就容易取得關鍵優勢。

協商必須找到具決策權的關鍵對象

協商前必須先確認對象的職務、職權，如果不是在他權責範圍內可決定的事，再怎麼努力談也是枉然，所以談判前一定要先確認對方「誰是決策主導者」。

協商在工作上的運用

有時候，即使是看起來很小、很一般的問題，如果你能夠用協商精神處理的話，常會讓對方感受到你的重視和誠意，再加上協商技巧的靈活運用，常能獲致出乎預期目標的成果。

主管充電站

當你的團隊進行協商時，身為團隊指揮官的你：

一、必須更為冷靜地指導團隊進行事前完整資訊蒐集、分析，擬定策略後，依循步驟反覆演練，務求做到最詳盡的攻防演習，並讓團隊中的每個人徹底了解協商的底線和目標，才能彼此接應、應變自如。

二、你可以預先將團隊分成甲、乙兩方，透過「設下選擇題讓對方挑選」、「預留伏筆、預留空間」、「讓對方小贏才可大贏」、「準備具體建議方案」、「試探再前進」、「水平思考法」等方法，先行沙盤推演，只有愈完整的準備，才愈能打動對方的心，也才會減少因為小差錯而壞大局的憾事。

最佳實務BW3047

王者業務力
掌握最關鍵的6件事，業績就能輕鬆翻倍

國家圖書館出版品預行編目（CIP）資料

王者業務力：掌握最關鍵的6件事，業績就能輕鬆翻倍／曾國棟原著.口述；王正芬整理.補充. -- 初版. -- 臺北市：商周出版：家庭傳媒城邦分公司發行, 2014.10
面； 公分. --（最佳實務；BW3047）
ISBN 978-986-272-669-3（平裝）
1. 業務管理 2. 職場成功法
496.6 103018979

原著・口述／曾國棟
整理・補充／王正芬
企劃選書／陳美靜
責任編輯／鄭凱達
校　　對／許淑貞
版　　權／黃淑敏
行銷業務／周佑潔、張倚禎

總 編 輯／陳美靜
總 經 理／彭之琬
發 行 人／何飛鵬
法律顧問／台英國際商務法律事務所　羅明通律師
出　　版／商周出版
臺北市104民生東路二段141號9樓
電話：(02) 2500-7008　傳真：(02) 2500-7759
E-mail: bwp.service @ cite.com.tw
發　　行／英屬蓋曼群島商家庭傳媒股份有限公司　城邦分公司
臺北市104民生東路二段141號2樓
讀者服務專線：0800-020-299　24小時傳真服務：(02) 2517-0999
讀者服務信箱E-mail: cs@cite.com.tw
劃撥帳號：19833503　戶名：英屬蓋曼群島商家庭傳媒股份有限公司城邦分公司
訂購服務／書虫股份有限公司客服專線：(02) 2500-7718；2500-7719
服務時間：週一至週五上午09:30-12:00；下午13:30-17:00
24小時傳真專線：(02) 2500-1990；2500-1991
劃撥帳號：19863813　戶名：書虫股份有限公司
E-mail: service@readingclub.com.tw
香港發行所／城邦（香港）出版集團有限公司
香港灣仔駱克道193號東超商業中心1樓
E-mail: hkcite@biznetvigator.com
電話：(852) 25086231　傳真：(852) 25789337
馬新發行所／城邦（馬新）出版集團
Cite (M) Sdn. Bhd.
41, Jalan Radin Anum, Bandar Baru Sri Petaling, 57000 Kuala Lumpur, Malaysia.
電話：(603) 9057-8822　傳真：(603) 9057-6622　E-mail: cite@cite.com.my

封面設計／黃聖文
印　　刷／鴻霖印刷傳媒股份有限公司
總 經 銷／高見文化行銷股份有限公司　新北市樹林區佳園路二段70-1號
電話：(02) 2668-9005　傳真：(02) 2668-9790　客服專線：0800-055-365

■2014年10月2日初版1刷　Printed in Taiwan

定價330元
ISBN 978-986-272-669-3

城邦讀書花園
www.cite.com.tw